西域砾岩工程特性 及筑坝工程实践

李文新　王玉杰　王兆云　韩守都 等 编著

中国水利水电出版社
www.waterpub.com.cn
·北京·

内 容 提 要

本书在广泛收集相关资料和开展科学研究的基础上，系统总结了新疆维吾尔自治区西域砾岩的工程力学特性、筑坝相关关键技术难题及应对措施。全书共10章，主要包括绪论、西域砾岩宏观地质特征及分类体系、西域砾岩物理力学特性、西域砾岩渗透特性和灌浆特性、西域砾岩边坡变形与破坏特点、西域砾岩边坡稳定分析方法、西域砾岩边坡加固技术、西域砾岩边坡工程案例、西域砾岩筑坝适宜性评价及分区利用原则和西域砾岩筑坝工程案例等内容。

本书可供从事水利水电工程技术的科研、设计、施工人员及相关高校师生参考使用。

图书在版编目（CIP）数据

西域砾岩工程特性及筑坝工程实践 / 李文新等编著
. — 北京 : 中国水利水电出版社，2023.10
ISBN 978-7-5226-1559-2

Ⅰ. ①西… Ⅱ. ①李… Ⅲ. ①砾岩—边坡稳定性
Ⅳ. ①TU457

中国国家版本馆CIP数据核字(2023)第109159号

审图号：GS京（2023）1557号

书　　　名	西域砾岩工程特性及筑坝工程实践 XIYU LIYAN GONGCHENG TEXING JI ZHUBA GONGCHENG SHIJIAN
作　　　者	李文新　王玉杰　王兆云　韩守都　等 编著
出 版 发 行	中国水利水电出版社 （北京市海淀区玉渊潭南路1号D座　100038） 网址：www.waterpub.com.cn E - mail：sales@mwr.gov.cn 电话：(010) 68545888（营销中心）
经　　　售	北京科水图书销售有限公司 电话：(010) 68545874、63202643 全国各地新华书店和相关出版物销售网点
排　　　版	中国水利水电出版社微机排版中心
印　　　刷	天津嘉恒印务有限公司
规　　　格	184mm×260mm　16开本　14印张　341千字
版　　　次	2023年10月第1版　2023年10月第1次印刷
定　　　价	**98.00元**

序

作为一名在新疆地区长期从事水利工作的科技工作者和工程技术人员，我在实际工作中越来越多地碰到了西域砾岩地区的水利水电工程建设难题。西域砾岩的力学性质介于土体和岩体之间，其跨越地质年代长、母岩组成多样、胶结特性复杂，具有极为特殊的工程性质，目前对其工程力学特性缺乏可靠的认识；河谷两岸西域砾岩边坡变形破坏形式复杂，无现成的边坡稳定性评价方法和处理方案；西域砾岩的母岩看似与常规砂砾石类似，它能否作为土石坝填筑用料也无现成经验可循。纵观国内外，目前对西域砾岩的研究水平和工程实践都不能有效支撑西域砾岩地区修建水利水电工程所需的依据和技术。面对这些困难，我越发深刻地意识到对西域砾岩工程特性以及相关问题进行深入研究的重要性和迫切性。

在与新疆水利水电勘测设计研究院（以下简称"新疆院"）原副院长李文新讨论新疆水利工程建设时的一次偶然机会中，他向我提及，自2009年起，新疆院和中国水利水电科学研究院就已对西域砾岩工程建设关键技术开展了系统研究，并计划把已有的研究成果归纳总结成一本专著。在李副院长的邀请下，我非常高兴地接受了为本书撰写序言的邀请。本书密切联系工程实践，结合理论研究，介绍了一系列技术攻关成果，这些内容是在深入研究西域砾岩工程特性的基础上提炼出来的，对于解决我国西域砾岩地区工程建设中的疑难问题作出了重要贡献，对于我在工作中遇到的难题也带来了许多启示。

本书系统总结了西域砾岩的基本特点和工程难点，涉及五一水库、XSX水电站、奴尔水利枢纽和莫莫克水利枢纽等新疆重大水利工程建设中遇到的实际问题，凝练了西域砾岩分类体系和工程特性、边坡变形破坏机理，创新性提出了边坡稳定分析方法以及筑坝技术方法等方面的研究成果。本书首次提出了西域砾岩的分类体系和工程特性确定方法；原创性揭示了西域砾岩边坡"坡脚淘蚀-后缘拉裂-错落式塌落"的变形失稳模式并提出了相应的稳定分析方法；提出了以防止坡脚淘刷为主的首要处理原则和"削头、压脚、拦腰、封顶、固表、排水、锚固"西域砾岩边坡的综合处理方法；并阐述了西域砾岩筑坝的坝料利用方法和控制技术等重要成果。这些研究成果加深了我们对于西域砾岩工程特性的认识，为西域砾岩地区的水利水电工程设计、施工和运行管理提供了理论支撑和技术借鉴。

随着新疆西域砾岩地区水利水电工程的持续建设，我们对西域砾岩工程性质的认识必将成为一项长期而系统的工作，本书的出版只是揭开了神秘面纱的一小部分，后续需要广大科技工作者对其进行深入的研究。目前在西域砾岩地区修建的水利水电工程数量相对较少，且建成时间相对较短，我们积累的工程经验还不够充分，为了更好地应对工程后续运行过程中可能出现的新问题和新发现，建议对这些工程进行长期观测，并深入分析总结其表现规律，为工程建设和管理提供有益的参考。

希望本书能够为读者提供有关西域砾岩地区修建水利水电工程的关键技术及工程指导，并期待本书在推动西域砾岩地区的工程高质量建设和运行方面发挥积极的作用。

中国工程院院士 邓铭江

2023 年 9 月

　　西域砾岩，又称西域山麓砾石层，由我国学者黄汲清等于 1947 年命名，是一套以灰色、黑灰色、粗粒、厚层及倾斜产状为特征的山麓类磨拉石砾岩层组成的砾岩，广泛分布于我国新疆地区塔里木盆地周缘、昆仑山北麓、天山南北麓山前及山间盆地，厚度从数十米至数千米不等，平均厚约 2000m。根据基于磁性地层年代学的研究成果，西域砾岩的地层底界年龄具有明显的穿时性，不是一套年代地层单位，而是上新世末至第四纪初期构造与气候复合作用形成的一套岩性地层单位。

　　关于西域砾岩的研究以前更多聚焦于它的分布范围、成因和形成特征等，对其工程力学特性的研究成果不多。在水利水电工程的建设涉及这一地层后发现，西域砾岩明显不同于已有的岩石类型，且具有几个明显的特点：①西域砾岩颗粒级配极不均匀，砾石成分复杂、分选性差（粒径多在 5～150mm 之间，最大可达 600mm），性能介于土体与岩体之间；②西域砾岩多为泥质、钙质、泥钙质胶结或半胶结，泥质和泥钙质胶结物泡水后存在不同程度的软化或崩解，导致西域砾岩力学强度低、软化系数小，其中泥钙质胶结的单轴饱和抗压强度一般为 5～15MPa，软化系数为 0.3～0.5，泥质胶结砾岩的单轴饱和抗压强度一般为 1～3MPa，软化系数为 0.2 左右；③西域砾岩一般为整体厚层状结构，节理裂隙不发育，孔隙率大，但空隙连通性较差，透水性较差，呈现较明显的孔隙型渗流特征。

　　因此，在西域砾岩地区修建水利水电工程时，设计人员常遭遇各种困惑：①西域砾岩是否与常规砾岩类似，是否具有独特的岩体分类体系和相应的工程力学特性确定方法；②西域砾岩岸坡破坏常以瞬时崩塌为主，已有的边坡稳定分析方法是否适用；③西域砾岩分布范围广，能否与常规的砂砾石一样被用作筑坝材料。

　　针对上述困惑，从 2009 年开始，新疆水利水电勘测设计研究院（现新疆水利水电勘测设计研究院有限责任公司）和中国水利水电科学研究院就先后依托五一水库、XSX 水电站、奴尔水利枢纽和莫莫克水利枢纽等重大工程，以及新疆水利科技项目专项经费项目，对西域砾岩工程地质分类与工程力学特性、西域砾岩边坡稳定评价和安全控制技术及西域砾岩筑坝技术等关键技术难题开展了长达十余年的探索和研究。在广泛调查和深入研究的基础上，借鉴常规砾岩的工程特性确定方法，提出了西域砾岩分类体系及相应工程力学特性确定方法；通过研发适用于西域砾岩的专用渗透仪，揭示了西域砾岩的渗透和灌浆特性，提出了相应的灌浆设计准则；总结西域砾岩边坡的变形破坏机理和特征，提出了相适应的边坡稳定分析方法及加固技术；建立了不同类型胶结物西域砾岩作为筑坝材料的适宜性及配套设计方法。

　　本书系统总结了这十余年西域砾岩的研究成果，共有10章。第1～4章给出了新疆地区西域砾岩分布特征，提出了考虑胶结物成分、母岩颗粒组成、颜色、固结程度（成岩时间）等因素影响的西域砾岩工程地质分类体系，并总结了西域砾岩物理力学、渗流和灌浆特性以及相应的试验方法。第5～8章给出了西域砾岩边坡的变形破坏模式、稳定分析方法和加固技术，以及典型工程应用实例。第9～10章总结了西域砾岩的筑坝适宜性及分区利用原则，并介绍了五一水库和奴尔水利枢纽两座沥青心墙坝利用西域砾岩筑坝的实际情况。本书第1、8、10章由李文新编写，第3～5章由王玉杰编写，第2章由王兆云编写，第7章由韩守都编写，第6章由孙平编写，第9章由于沐编写。全书由王玉杰通稿。

　　本书包含的内容凝聚了参与西域砾岩工程设计、施工和科研人员的心血。新疆水利水电勘测设计研究院有限责任公司和中国水利水电科学研究院岩土所等单位的同志为本书的编写作出了贡献。在这里，向邱益军、王晓卫、陈晓、张强、林兴超、任爱武、吴俊杰、苌登仑、余华英、牛万吉、周慧娟、李振纲、王晓强、蒋兵、马洪玉、符平、姜龙、赵宇飞、陈洁、袁磊、胡小虎、鲁克恩、张康、杨玉生、王乃欣、陈念、沈强、陈永胜等表示诚挚的谢意。特别对编写部分内容的张强、姜龙、林兴超等表示衷心的感谢。

　　本书可供水利、水电、土建和交通等领域的科研、设计及施工人员使用。受编者学识水平和工程实践经验所限，书中难免存在不足之处，敬请广大读者批评指正。

编者

2023 年 6 月

目 录

第 1 章

绪　　论

1.1　新疆地区西域砾岩分布特征及成因

1.1.1　西域砾岩的命名

西域组（Xiyu Formation）是我国西部地区重要并广泛分布的晚新生代地层之一，由黄汲清和杨钟健首次命名于天山南麓库车河附近的盐水沟一带[1]。该组广泛分布于新疆维吾尔自治区及甘肃省西部等地，是一套以灰色、黑灰色、粗粒、厚层及倾斜产状为特征的山麓类磨拉石砾岩层，又称西域砾岩（图 1.1）。

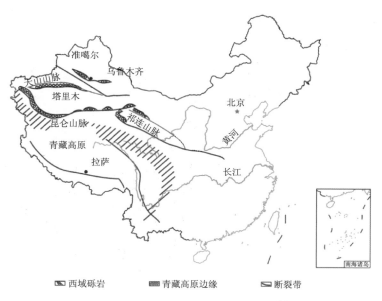

图 1.1　我国西北地区西域砾岩分布[2]

在我国新疆维吾尔自治区范围内，西域砾岩广泛分布于塔里木盆地周缘、昆仑山北麓、天山南北麓山前及山间盆地（图 1.2）。根据沉积结构分析，该岩层由冲积物、洪积物、冰水沉积物组成，厚度从数十米至数千米不等，最大厚度 3220m。西域砾岩层由一

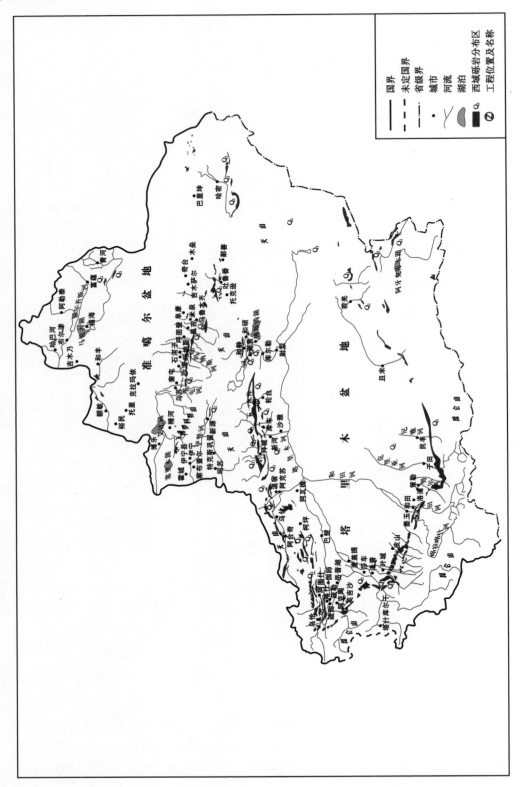

图 1.2 新疆维吾尔自治区西域砾岩分布位置图

些粒径不同的粗碎屑互层组合，细粒相多以透镜状产出，呈冲积、洪积、冰水沉积的多元结构，宏观上表现以灰色、灰黑色巨厚砾岩、砂砾岩层为主，夹淡黄色砂、泥岩，砾石成分比较复杂，有石英岩、花岗岩、片岩、板岩和火山岩等，砾石呈次圆～次棱角状，泥质、钙质胶结或泥钙质胶结。与下伏上新统一般为整合接触，局部地区（昆仑山前）为不整合接触，常与下伏地层一起遭受褶皱和错断，与上覆乌苏群为不整合接触。

1.1.2　西域砾岩的形成年代

对于西域砾岩的形成年代，早在 20 世纪 30 年代苏联著名学者奥勃鲁契夫就将西域砾岩的形成年代定为早更新世，但随着近代磁性地层年代学的广泛应用，学术界认为西域砾岩的底界具有穿时特征，对西域砾岩的形成年代有以下几个阶段的认识：

（1）黄汲清等[1]通过与酒泉砾石层相对比，将西域砾岩划为两层：下层为下更新统，称为"下西域砾岩"；上层为中更新统，称为"上西域砾岩"。

（2）此后一段时间由于西域砾岩层与下伏的苍棕色层在岩性上有时呈逐渐过渡关系，无构造变动界线，加上无化石证据和年代资料，很多学者把西域砾岩层与苍棕色层合在一起，年代定为上新世—更新世（N_2—Q_1），甚至全定为上新世（N_2）[3]。

（3）直到 1953 年，范成龙在安集海背斜南翼西域砾岩和苍棕色层过渡地段的砾岩、砂质泥岩层位附近发现了一颗三门马的下颚及下臼齿化石[4]，经周明镇先生鉴定为早更新世，由此西域砾岩的形成年代又恢复为早更新世。1981 年，新疆维吾尔自治区区域地层表编制组将该组与准噶尔盆地南缘的西域组和甘肃酒泉的"玉门砾岩"对比后，将其改称为西域组，年代定为早更新世[5]。但是，西域砾岩层与其下伏的阿图什组在岩性上有时呈逐渐过渡关系，无构造变动界线，二者同时受挤压褶皱，产状变化也是渐变的，之后的许多研究者均将其与阿图什组划归在一起，年代定为上新世—早更新世（N_2—Q_1），甚至全定为上新世（N_2）。

（4）为了进一步确定西域砾岩的年代，许多地质学家对新疆的西域砾岩进行了磁性地层研究。据磁性地层研究结果，西域组在天山北麓安集海、独山子剖面底界年龄约为 2.92Ma[3]；在天山南麓的库车河剖面的底界年龄约为 3.58Ma，顶界年龄约为 1.50Ma[6]；在昆仑山北麓叶城剖面的底界年龄约为 3.5Ma，顶界年龄约为 1.3Ma[7]；在阿尔金山山前的米兰河剖面的底界年龄约为 3.54Ma，顶界年龄约为 1.2Ma[8]；西域砾岩顶界年龄在昆仑山前的于田剖面年龄约在 1.60Ma 之前[9,10]。

为方便对比，将不同学者的西域砾岩磁性地层研究结果总结于表 1.1。由表 1.1 可知，西域砾岩作为一个岩性地层单位，其地质年代在空间上的不同地点可能是不一致的，即其顶界和底界均具有穿时特征，其年代主体为上新世—早更新世，局部地区西域砾岩底界磁性地质年代达中新世中期[2]。

1.1.3　西域砾岩区域分布特征及成因

西域砾岩广泛分布于我国新疆维吾尔自治区塔里木盆地周缘、昆仑山北麓、天山南北麓山前及山间盆地，其他地区山前及盆地也有少量分布（图 1.2）。

表 1.1　　　　　　　　　　　磁性地层研究西域砾岩底界和顶界年龄统计

剖　面　位　置		底界年龄/Ma	顶界年龄/Ma	参考文献
天山北麓	安集海、独山子剖面	2.92		文献 [3]
	金沟河剖面	6.0	1.1	文献 [11]
	塔西河剖面	2.62		文献 [12]
天山南麓	库车河剖面	3.40	1.5	文献 [6]
	博古孜河剖面	1.92	1.6	文献 [13]
昆仑山北麓	叶城剖面	3.5	1.3	文献 [7]
	于田剖面		1.6	文献 [9]
阿尔金山北麓	米兰河剖面	3.58	<1.07	文献 [14]
		3.54	1.2	文献 [8]

1. 塔里木盆地南缘

该区西域砾岩在阿克陶—叶城—于田—且末一带的塔里木盆地南缘昆仑山北麓山前均有出露，主要位于山前新生代背斜两翼或向斜核部。成因类型有洪积物、冰水洪积物，整套沉积以砾岩为主，岩性成分复杂，砾石磨圆、分选程度不一，岩石色调以灰棕色、灰黑色为主，有时有灰褐或微红色，底部则以巨厚的砾岩集中出现为特征，其中夹有灰黄色砂岩、粉砂岩薄层，偶夹砂泥透镜体，泥钙质及钙质胶结，固结程度较高。受构造变动影响，岩层发生褶皱或掀斜，厚度变化很大，一般为数百米至数千米，最大厚度3022m。西域组砾岩与下伏层在本区主要为连续沉积，呈逐渐过渡关系，但在不少地区呈不整合接触。

2. 塔里木盆地北缘

塔里木盆地北缘西域砾岩在南天山山前带自库尔勒以西至乌恰均有分布，出露面积较大，厚度、岩性、砾径及产状随不同地区略有差异。

（1）拜城—轮台地区：该区位于新疆塔里木盆地北缘的库车坳陷，西起乌什，东至库尔楚，北界天山古生代褶皱带，南达塔里木河南岸；该区西域组分布极为广泛，几乎所有的新生代背斜翼部和向斜均有分布。岩性为灰色、黄灰色粗砾岩层，砾石分选性差、磨圆度一般，胶结物为泥质和泥钙质，砾石成分主要由花岗岩、凝灰质砂岩、灰岩、硬砂岩及蚀变花岗岩等组成。该层微具倾斜层理，有旋涡状构造，砾石球度很好，洪积相沉积，厚度变化较大，背斜翼部相对较薄，向斜坳地内厚，一般厚100～1000m，最厚达2000m。与下伏库车组的接触关系，除吐孜玛扎背斜南北翼、库姆格格列木西围斜、巴什基奇克背斜沿库车河、米斯布拉克—提克罗克村为不整合外，区内其他地区为逐渐过渡关系。

（2）柯坪—哈拉峻地区：该区东起阿克苏、温宿一带，西止阿图什北，大致以塔什米里克—八盘水磨一线为界，北抵南天山，南以柯坪塔格南麓为界，该地区处于柯坪推覆构造带，构造带东西长300km，南北宽60～140km，由多排近东西走向、平行展布的由北向南逆冲推覆的单斜山或背斜山系组成，相邻单斜山（或背斜山）间形成近东西向狭长山间盆地，西域砾岩主要分布于各山间盆地边缘，不整合覆盖于古生代地层之上。岩性为一套巨厚层胶结良好的灰色、浅灰色、浅褐色砾岩，胶结物为泥钙质和泥质，胶结多为基底式，孔隙较发育；砾石分选不好，排列零乱，磨圆度差，砾石成分以灰岩、砂岩为主。岩相变化较大，砾径3～10cm、10～30cm不等，最大可达1m左右，一般山前带颗粒粗大，由山前到盆地中部，砾石由大逐渐变小，垂直剖面上，由上到下逐渐变细，下部多为中砾，并且局部夹有薄层（或凸镜体）棕色黏土岩和浅黄色粉砂岩，层理复杂，主要为交错层。地层产状其倾向和倾角各地段差别很大，托古买提南部倾向北，倾角65°，哈拉峻盆地南部倾向北西，倾角15°～30°。与下伏地层呈角度不整合接触。厚度各地不一，一般为170～600m，厚者可达1000m以上，在哈拉峻盆地南缘厚度达1700m，西部托古买提为700～1300m。

（3）阿图什—乌恰地区：该区西起国境，东至喀什稍东之平原地区，大致以塔什米里克—八盘水磨一线为界，北抵南天山，南邻西昆仑。该区西域砾岩广泛分布于西南天山山前塔里木盆地西缘的康希威尔—科克塔木褶皱带和木什—喀什—阿图什弧形反冲褶皱带的一系列背斜两翼。岩性为暗灰色、深灰色的厚层块状砾岩，偶夹薄层灰色、灰黄色砂岩、粉砂岩和砂质泥岩及其透镜体，属冲洪积扇堆积。砾径西粗东细，砾岩呈块状构造，发育有不明显的交错层理、平行纹理和冲刷-充填构造，砾径一般为3～10cm，大者可达20～30cm，多数为次棱角状，分选差；砾石成分复杂，主要为变质砂岩、灰岩、石英岩及脉石英等，由钙质或泥钙质胶结半成岩，与下伏的阿图什组呈整合或平行不整合接触。在塔浪河背斜博古孜河剖面总厚度约为960m，在木什背斜厚约300～500m，向东在木吐勒—八盘水磨背斜一带出露厚度约为1000m。

3. 南天山地区

南天山地区西域砾岩主要分布于阿合奇地区托什干河两岸和焉耆盆地西北缘，另在巴伦台地区的小尤路都斯盆地南缘、几木革特河到古洛沟口一带及特克斯盆地科克苏河东岸也有少量分布。

（1）阿合奇地区：该岩组广泛分布于托什干河两岸，受新构造运动影响，与第三纪地层同时形成褶皱，并与下伏的第三纪地层整合或假整合接触，砾岩组北侧与古生代地层多呈断层接触。西域砾岩为岩性单一的厚层砾岩，砾石成分以石灰岩为主，并有片岩、砂岩、石英岩及花岗岩等。砾石多磨圆度较好，砾径0.5～5cm，最大不超过20cm，胶结物为泥质和泥钙质。东部的西域砾岩中夹有土黄色泥岩和砂质泥岩，泥岩较致密，层厚2～3m。东部厚度较大，西部变薄，托什干河北支流铁列克苏一带厚度610～690m，托什干河上游厚度一般为10～300m。

（2）焉耆盆地：主要分布在焉耆盆地北缘、西南缘各个背斜两翼和向斜核部，主要为灰色、褐黄色砾岩、砂砾岩，成分复杂，分选性差，胶结较好，其底部有1～2.5m的粗砂～细砾岩。在盆地西部山麓，不整合于第三系之上，出露厚度一般为数米至64m左右；但在野云沟西北面的乌唐铁热克沟口达410m。在库鲁克塔格的集格德达里亚沟口及扎来库都克沟上游沟底，均有此层的露头，厚度3m左右，不整合于老基岩之上。

4. 北天山地区

主要分布于天山北麓山前准噶尔盆地南缘山前推覆构造带乌鲁木齐以西至乌苏一带、博乐山间盆地南缘各河流出山口处，在乌鲁木齐以东山前丘陵地带（如吉木萨尔县东孚远背斜围斜）、柴窝堡盆地和巴里坤盆地也有少量分布。在伊犁盆地周缘也有分布，但大部分被晚更新世黄土和砾石层覆盖，仅在局部部分河流深切河谷有零星出露。

（1）乌鲁木齐—乌苏地区：该地区处于乌鲁木齐凹陷内，乌鲁木齐凹发育的三排逆冲断裂——背斜带，西域砾岩主要分布于南部山麓逆断裂——背斜带北翼、中部霍尔果斯—玛纳斯—吐谷鲁逆断裂—背斜带和北部独山子—安集海逆断裂—背斜带两翼。岩性主要为巨厚的灰色、深灰色块状砾岩，夹灰黄色砂岩层，砾石成分各地有异，砾径一般多在 5～20cm，磨圆度较好，胶结物为泥质、泥钙质，胶结程度较弱，厚度变化大，为 350～2370m。与下伏地层呈角度不整合或平行不整合接触，与上覆中更新统乌苏群角度不整合接触。

（2）精河—博乐地区：分布于博罗科努山北麓精河、阿恰勒河、大河沿子河出山口及博尔塔拉上游一带。岩性为灰色、灰黄色砾岩、砂砾岩，胶结物为泥质、泥钙质，胶结程度较弱。砾石成分复杂，磨圆程度好，分选性差，发育缓倾角的层理面，厚度一般 340～400m，与上新统呈整合接触。

5. 吐哈盆地

吐鲁番盆地西域砾岩主要分布在博格达山南麓高台地区、火焰山背斜的西端、盐山背斜第三纪地层的顶部及大草湖以西的两个晚第四纪活动背斜的南北两翼，哈密盆地主要分布于大南湖东南盆地边缘地带。岩性为土黄色、灰褐色、灰黑色、银灰色砾岩，粒径一般为 5～20cm，最大 40cm。砾石成分以变质岩、火山岩、凝灰岩、板岩为主，分选差，磨圆度不好，多呈棱角状和碎块状，富含钙质，胶结极好，常夹有土黄色粉细砂层透镜体，水平层理清晰，与下伏地层呈平行入整合或微角度不整合接触，最大沉积厚度可达 800m。

6. 准噶尔盆地

该区域西域砾岩主要分布于盆地西部额敏盆地和布克赛尔盆地北缘河流出山口、东北部的乌伦古河两岸高阶地，在北塔山南坡，淖毛湖河下游两岸也有零星分布。

在额敏盆地和布克赛尔盆地，西域砾岩分布于额敏河和布克赛尔河上游出山口，以冰水洪积物为主，岩性为灰褐色、灰黑色砾岩，泥钙质胶结，胶结一般，岩性成分由冰碛物再改造形成，厚度一般为数十米。

在乌伦古河，西域砾岩分布于萨尔托海—扎河坝一带河谷两岸高阶地上，形成高平台，由砾石、砂层组成，底部夹少量橘黄色黄土，以冲积物、洪积物为主，胶结较好。砾石成分主要为石英岩、花岗岩、闪长岩等，砾径多在 2cm 以下，磨圆度较好，此层直接覆盖在泥盆系及花岗岩之上，厚度一般为 6～15m。

7. 阿尔泰地区

阿尔泰地层分区西南缘以额尔齐斯深断裂为界，区域西域砾岩分布较少，主要分布于布尔津河出山口两侧，呈东西向带状出露，为早更新世冰水洪积物，岩性为灰褐色、灰黑色砾岩，粒径一般为 5～20cm，最大 60cm。砾石成分以变质岩、火山岩、板岩为主，分选差，磨圆度较差，多呈棱角状和碎块状，富含钙质，胶结一般。

8. 阿尔金山北麓

该区域西域砾岩分布于阿尔金山北麓的米兰河、若羌河、红柳沟、江格莎依等沟口。岩性为灰白色砾岩，间夹灰黄色泥岩、粉砂质泥岩，分选差，磨圆好，钙泥质胶结，致密坚硬。成分复杂，以片麻岩、花岗岩、砂岩为主。其厚度有从东向西逐渐增大的趋势，为300～800m，地层普遍倾斜20°～30°，与下伏阿图什组整合接触，与上覆乌苏群角度不整合接触。西域砾岩砾石成分由花岗岩（20%～30%）、基性岩（10%），混合岩（15%）、片岩和片麻岩（40%～50%）组成，砾岩厚度大，呈多个粗-细沉积韵律旋回构成，并且泥质含量较高，杂基支撑，砾石大小混杂，分选差，具块状构造或粗糙粒序韵律。

根据大量的基于磁学地层年代学的研究成果，西域砾岩底界具有穿时特征，其年代在前陆盆地不同构造部位存在差异。因此，学术界基本认为，西域砾岩是一套穿时的岩性地层单位，在不同地区其底界年龄可跨越到中新世到第四纪。西域砾岩不是特定气候事件或构造事件的产物，而是构造与气候作用的复合产物，即构造对西域砾岩沉积起主导作用，气候变化对西域砾岩沉积有不可忽视的影响。西域砾岩粗粒相沉积成因模式-源区构造隆升示意如图1.3所示。

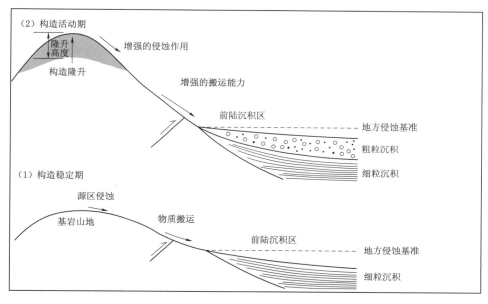

图1.3 西域砾岩粗粒相沉积成因模式-源区构造隆升示意图[10]

1.2 西域砾岩地区筑坝关键技术难题

1.2.1 西域砾岩主要工程地质特性

根据西域砾岩成岩特征及成因分析，西域砾岩宏观上表现为厚层、粗粒及黄灰色，砾石层中夹有条带状、中厚层、灰黄色粉砂岩。根据五一水库、XSX水电站、奴尔水利枢纽、莫莫克水利枢纽、沙尔托海水利枢纽等工程的西域砾岩地质资料，西域砾岩物理地质现象较为发育，主要有风化、冲蚀沟、卸荷体等类型。主要原因可归纳为：①西域砾岩结构不均一，胶结物以泥质胶结为主，胶结性能不稳定，在水环境中敏感性较强，且西域砾岩局部填充巨粒径漂石，易与周围胶结物黏结不牢固，存在架空现象，因而受风化侵蚀表现出凹凸不平的形态；②泥钙质胶结为弱、中等胶结，遇水易软化，尤其在干湿循环作用下，胶结成分不断流失，在含有腐蚀性离子的流动水环境中流失现象更为严重，因而临水西域砾岩在河水冲蚀作用下会形成明显倒坡或局部被冲蚀成沟槽。

同时，西域砾岩成因独特、组成复杂，与其他砾岩相比，其工程力学特性呈现几个显著的特点：

（1）西域砾岩结构组成差异大。由于西域砾岩成因复杂，其结构组成不仅在不同区域内呈现出较大离散性，即使在同一区域，矿物成分及颗粒级配仍存在较大差异（图 1.4）。结构组成的不确定性及复杂性会导致西域砾岩工程分类不统一，同时会造成其强度、变形、渗透性、稳定性等差异明显。

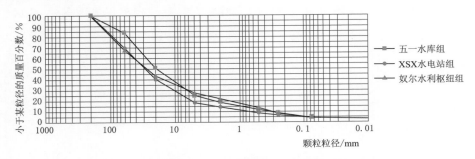

图 1.4　三处水利水电工程西域砾岩颗粒级配曲线

（2）西域砾岩胶结性能不稳定。西域砾岩为由胶结物、砂、砾石及孔隙共同组成的多孔介质岩土体，胶结物为联系不同粒径母岩的桥梁。因此，胶结物的成分、含量以及胶结强度在很大程度上决定了西域砾岩整体力学性能。然而由于西域砾岩成岩程度不同，且易受风化侵蚀，其胶结性能并不稳定。此外，处于水环境中的西域砾岩，在干湿循环作用下，随着矿物成分流失、胶结物不断破裂瓦解，其胶结性能并不统一（图 1.5）。

图 1.5　西域砾岩形成的冲蚀沟槽

（3）西域砾岩力学参数难确定。由于西域砾岩成岩条件不同、结构组成差异大，胶结性能不稳定，造成不同地区西域砾岩力学参数差异显著，同一地区的原位试验及室内试验结果也存在较大差别，力学参数离散性较强（图 1.6）。由于目前缺乏针对西域砾岩强度参数的取值方法，工程中多以经验法为主，因此带有很大的主观随意性。

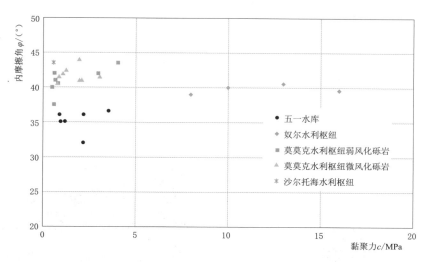

图 1.6 不同水利水电工程西域砾岩抗剪强度参数

1.2.2 西域砾岩地区水利水电工程面临的技术难题

随着新疆经济社会可持续发展、合理高效配置有限水资源的需要，以及新疆水利投资的持续增加，越来越多的水利水电工程在西域砾岩地区规划和兴建，表1.2中列举了一些近年来在西域砾岩地区修建的水利水电工程。

表 1.2 西域砾岩地区典型水利水电工程修建情况

工程名称	工程任务	所在河流	区域位置	西域砾岩主要特性
莫莫克水利枢纽	防洪、灌溉、发电	提孜那甫河	昆仑山北坡	西域砾岩为下坝址主要岩性，以泥质胶结为主，岩芯获得率小于10%；无法通过原位试验得到其试验值
奴尔水利枢纽	灌溉、发电、滞洪	奴尔河	昆仑山北坡	西域砾岩库区广布，为坝址区主要基岩，泥钙质中等胶结，无法得到岩样，遇水软化
XSX水电站	发电	库玛拉克河	天山南麓，塔里木盆地西北	西域砾岩为库区主要基岩，泥钙质中等胶结占90%以上，其余为泥钙质弱胶结，无法获得完整砾岩岩样，遇水软化，抗冲蚀能力差
五一水库	供水、防洪、灌溉	迪那河	天山南麓，塔里木盆地北部边缘	西域砾岩为库区坝址区主要基岩，以泥质、钙质胶结或半胶结为主，遇水软化
沙尔托海水利枢纽	灌溉、防洪	大河沿子河	—	主要分布于库松木切克谷地边缘，以及大河沿子河山口两岸，位于第三系地层的顶部，岩性为灰色的西域组砾岩夹砂岩透镜体，以泥砂质胶结或半胶结为主，局部为钙质弱胶结

如前文所述，西域砾岩作为水利水电工程修建过程中刚开始研究的一类砾岩层，在应用常规的砾岩工程力学特性的确定方法来研究其工程特性时，发现除了其工程特性外，其

相配套的试验方法也需进一步地改进和完善，因此，在西域砾岩地区筑坝的主要关键技术难题可以归纳为如下两类：

（1）西域砾岩特殊宏观地质现象和细观结构、陡峻边坡与力学强度低之间存在明显差异。现场调查发现，西域砾岩边坡通常近直立，岸坡基本对称，其形态像"石门"（图1.7）。然而，西域砾岩力学强度却极低，分布最广的泥钙质胶结的西域砾岩单轴抗压强度平均为 10MPa 左右。这一地质力学特性与地貌特征之间的反差超出了现有认识水平和技术规范，给工程设计与计算造成很大的困难。

(a) 陡峻"石门"　　　　　　　　　　　　　　(b) 取芯率低

图 1.7　陡峻边坡与低强度西域砾岩之间的差异

（2）西域砾岩遇水后，其物理力学性质与干燥状态下的性质差异明显。不同浸水时间、不同胶结物质和胶结程度常常会引起西域砾岩边坡内部的差异变形，这也使得水库蓄水后西域砾岩边坡的变形失稳不能照搬目前常规的土质和岩质边坡变形失稳模式来解释。由此导致边坡稳定性的评价和加固处理缺少必要的技术依据。

本书正是针对西域砾岩的这些技术难题，在广泛调研和深入研究的基础上，借鉴常规砾岩的工程特性确定方法，提出了西域砾岩分类体系及相应工程力学特性确定方法；通过试验研究，分析了西域砾岩的渗透和灌浆特性；通过试验和数值模拟分析，总结了西域砾岩边坡的变形破坏机理和特征，并提出相适应的边坡稳定分析方法及加固技术；基于工程实例和调查分析，探讨了不同类型胶结物西域砾岩作为筑坝材料的适宜性及配套设计方法。

1.3　本书的主要内容和结构

本书共有 10 章。第 1 章简述了西域砾岩在新疆维吾尔自治区境内的分布特征及成因，以及在西域砾岩地层上修建水利水电工程面临的主要技术难题。第 2～4 章主要讨论了西域砾岩工程地质分类和工程力学特性。其中，第 2 章系统总结了西域砾岩的宏观地质特征，在此基础上，提出了考虑胶结物成分、母岩颗粒粒径大小、颜色、固结程度（成岩时间）等因素影响的西域砾岩工程地质分类体系。第 3 章和第 4 章分别介绍了西域砾岩的物理力学特性、渗透特性和独有的灌浆特性以及相应的试验方法。第 5～7 章分别给出了西域砾岩边坡的变形破坏特点与其特有破坏模式的边坡稳定分析方法和加固技术。第 8 章总结了五一水库和莫莫克水利枢纽典型西域砾岩边坡的工程实例。第 9 章初步总结了西域砾岩的筑坝适宜性评价及分区利用原则。第 10 章介绍了五一水库和奴尔水利枢纽两座沥青心墙坝利用西域砾岩筑坝的实际情况。

第 2 章

西域砾岩宏观地质特征及分类体系

2.1 概述

西域砾岩宏观上表现为一般砾岩的特征，母岩由粒径大小不一、磨圆度不均的砂岩、花岗岩、辉绿岩、凝灰岩等组成（图 2.1）。但由于西域砾岩成岩时间较短，其宏观的地质特征更受控于胶结物的工程力学特性，无法参照现有的规程规范和已有经验准确描述西域砾岩的工程地质特征。本章参考砾岩的描述，系统总结了五一水库、XSX 水电站、奴尔水利枢纽、莫莫克水利枢纽、沙尔托海水利枢纽、台斯水库、阳霞水库和苏巴什水库等工程中西域砾岩的基质颜色、粒径特征、胶结物成分等宏观工程地质特征。应用分形理论，发现了西域砾岩胶结物和母岩的粒径分布都具有明显的分形特征。最后，基于西域砾岩的物相组成、地域分布差异性、胶结物性质、母岩粒径分布特征、固结程度等关键因素，提出了水利水电工程西域砾岩分类方法。

(a) 五一水库   (b) XSX水电站

图 2.1　典型西域砾岩

2.2 不同工程西域砾岩地质特征

2.2.1 五一水库

1. 工程概况

迪那河五一水库位于新疆巴音郭楞蒙古自治州轮台县西北的群巴克镇境内,坝址位于迪那河中下游附近水文站上游 12km 处,为碾压式沥青混凝土心墙坝;水库正常蓄水位 1370.00m,最大坝高 102.5m,总库容 0.995 亿 m³,为Ⅲ等中型工程;由拦河大坝、发电洞、导流兼泄洪冲沙洞、溢洪洞和石油供水管线等主要建筑物组成,是一座具有灌溉、防洪、生态、城镇及工业供水等综合效益的水利枢纽工程。

2. 西域砾岩分布及特征

五一水库工程区西域砾岩分布广泛,联合进水口、导流洞出口及坝址河床两岸均有出露(图 2.2)。西域砾岩肉眼观察为土黄色或灰色,呈厚层~巨厚层状;母岩以砾石为主,占比 65% 以上,另有少量巨粒径漂石;砾石粒径一般为 5~10cm,大者达 35cm,砾石成分以花岗岩、辉绿岩、凝灰岩为主。西域砾岩呈巨厚层状,泥钙质、钙质胶结或半胶结,遇水易软化。

(a)B12卸荷岩体　　　　　　　(b)B10卸荷岩体

图 2.2　坝线上游西域砾岩岸坡 B12 和 B10 卸荷岩体

2.2.2 XSX 水电站

1. 工程概况

XSX 水电站是库玛拉克河上"一库四级"规划方案中的第二级水电站,坝址位于峡谷出山口处,与上游 DXS 水利枢纽工程直线距离约 10km。XSX 水电站正常蓄水位为 1480.00m,最大坝高 65m,库容 0.74 亿 m³,属Ⅲ等中型工程,水库死水位为 1476.50m。

2. 西域砾岩分布及特征

XSX 水电站西域砾岩在库区广泛分布,为巨厚层状砾岩夹砂岩透镜体,层面一般不太明显,砾岩中砾石含量为 80％左右,分选性中等,粒径一般为 1～5cm,大者达 40cm左右。

根据胶结物成分及胶结程度的差异,XSX 水电站西域砾岩主要分为泥钙质中等胶结和泥钙质弱胶结。其中,泥钙质中等胶结砾岩,即使采用植物胶钻进取芯,也难以取得较完整的柱状岩芯,岩芯大多呈碎块状和散粒状,极少数呈短柱状;泥钙质弱胶结砾岩胶结程度比中等胶结更弱(图 2.3),抗风化和抗冲蚀能力更差,钻孔中遇到该类砾岩,取芯困难,所取岩芯基本上都为散粒状的砾石,采取率低,获得率基本上为 0,该类砾岩在地表出露时易风化,风化后极像冲积成因的砂砾石层。

2.2.3　奴尔水利枢纽

1. 工程概况

奴尔水利枢纽工程位于奴尔河中下游河段,是一项以灌溉、防洪为主,兼顾水力发电的综合性水利枢纽工程。工程由拦河坝、表孔溢洪洞、导流兼泄洪排沙洞、发电引水洞、地面厂房及电站尾水渠等组成,工程等别为Ⅲ等中型工程。大坝为沥青混凝土心墙坝,最大坝高77.5m,坝顶长 725m;正常蓄水位 2497.00m,死水位 2465.00m,总库容 0.68 亿 m³。

2. 西域砾岩分布及特征

奴尔水利枢纽西域砾岩主要分布在坝址区及下游河段,并在两岸陡坎和较大的冲沟内少量出露。西域砾岩呈巨厚层状,分选性较差,砾石直径 10～20cm,以泥钙质(泥质比重大)胶结为主,一般为半胶结状态,中粗砂充填,结构密实(图 2.4)。另外也可见胶结较差的砾岩夹层,呈透镜状分布,该层细颗粒偏少,颗粒较均匀,颗粒间孔隙较为发育。从其在陡坎上的出露情况看,粉砂岩透镜体一般厚 0.5～1.5m,顺河向长 5～15m,呈土黄色。

图 2.3　XSX 水电站胶结程度不同的
西域砾岩对比照

图 2.4　奴尔水利枢纽西域砾岩崩塌体

表 2.1 为坝址区西域砾岩 4 个勘探平硐硐渣料的各粒组分布结果,其中砾岩粒径大于200mm 的漂石含量平均值为 51.5％,粒径为 5～200mm 的卵砾含量平均值为 35.6％,不

均匀系数 C_u 平均值高达247.2。

表 2.1 奴尔水利枢纽西域砾岩各粒组含量

试验编号	粒 组/mm									不均匀系数 C_u	曲率系数 C_c	土类代号
	>200	200~60	60~20	20~5	5~2	2~0.5	0.5~0.25	0.25~0.075	<0.075			
	占总土质量的百分比/%									—	—	
PD2	47.8	15.6	10.2	9.4	3.6	4.6	2.6	3.6	2.6	590.9	3.6	CbSI
PD4	58.4	13.5	10.2	6.7	2.1	3.7	1.9	2.0	1.5	213.0	1.9	BSI
PD5	45.2	22.7	11.4	7.9	2.6	6.0	1.9	1.2	1.1	196.5	4.4	CbSI
PD5-1	54.4	16.6	11.1	7.1	2.2	3.0	1.5	2.0	2.1	105.9	2.7	BSI
最大值	58.4	22.7	11.4	9.4	3.6	6.0	2.6	3.6	2.6	590.9	4.4	—
最小值	45.2	13.5	10.2	6.7	2.1	3.0	1.5	1.2	1.1	105.9	1.9	—
平均值	51.5	17.1	10.7	7.8	2.6	4.3	2.0	2.2	1.8	247.2	3.6	BSI

2.2.4 莫莫克水利枢纽

1. 工程概况

莫莫克水利枢纽是提孜那甫河山区中游河段控制性工程，主要承担防洪、灌溉和发电的工程任务。水库为Ⅲ等中型工程，总库容为0.927亿 m^3，正常蓄水位1894.00m，死水位1873.00m；工程由挡水坝、溢洪道、泄洪冲沙洞、发电引水系统及电站厂房等组成；大坝为沥青混凝土心墙坝，最大坝高75.0m；抗震设防烈度为8度。

2. 西域砾岩分布及特征

第四系下更新统西域砾岩广泛分布于莫莫克水利枢纽坝址区两岸，岩性为灰色、灰黄色巨厚层西域砾岩，局部夹薄层砂岩，岩体较完整，莫莫克水利枢纽西域砾岩典型特征如图 2.5 所示。莫莫克水利枢纽坝址区西域砾岩以泥钙质胶结为主（泥钙质胶结占85%以上），局部为泥质胶结，呈巨厚层状。

图 2.5 莫莫克水利枢纽西域砾岩典型特征

2.2.5　沙尔托海水利枢纽

1. 工程概况

沙尔托海水利枢纽位于新疆博尔塔拉蒙古自治州精河县境内、博尔塔拉河南部的大河沿子河上游河段。坝址最大坝高 63.14m，正常蓄水位 604.14m，水库总库容 990 万 m³。

2. 西域砾岩分布及特征

沙尔托海水库西域砾岩主要分布于库松木切克谷地边缘，以及大河沿子河山口两

图 2.6　沙尔托海水利枢纽坝址区西域
砾岩（坝址左岸，镜向西）

岸，位于第三系地层的顶部，岩性为灰色西域砾岩夹砂岩透镜体，砾石成分复杂，以花岗岩、凝灰岩为主，砾石呈巨厚层状，以泥质胶结或泥钙质胶结为主，局部为钙质弱胶结。

根据砾石粒径大小，该区域西域砾岩又分为粗粒和细粒两类（图 2.6），其中粗粒砾岩中砾石粒径相对较大，一般为 3～8cm，最大为 15cm；细粒砾岩多为含砂细砾岩，其砾石粒径相对较小，一般为 0.5～1.0cm，该层中多见有 5～20cm 的砂岩透镜体夹层。粗、细粒砾岩互层交替出露，单层厚度为 3～

15m 不等，粗粒砾岩所占比例略高于细粒砾岩。

2.2.6　台斯水库

1. 工程概况

台斯水库工程位于乌鲁克河山区中游河段，主要承担防洪、灌溉、人饮供水等综合任务。水库总库容为 1975 万 m³，正常蓄水位为 2162.00m，死水位 2140.00m；工程由沥青混凝土心墙坝、泄洪冲沙洞、溢洪道等组成，最大坝高 62m。

2. 西域砾岩分布及特征

第四系下更新统西域砾岩广泛分布于台斯水库坝址及下游河谷两岸，是组成库盘的主要地层之一和构成坝址的主要基岩。岩性为灰色、灰黄色巨厚层砾岩，其中卵石、砾石粒径一般为 2～10cm，大小混杂，最大可达 50～60cm，磨圆较差；砾石成分主要为凝灰岩、花岗岩、安山岩、石英砂岩等，以泥质胶结为主，局部泥钙质胶结，岩石强度随胶结物中钙质、泥质含量比例而变化，岩层产状稳定近水平，裂隙不发育，岩体较完整，结构较密实（图 2.7）。根据坝址区测绘及钻孔资料，砾岩中局部夹粉土岩透镜体，土黄色，干燥、坚硬，结构密实，遇水易软化，厚度一般为 2～10m，钻孔揭露最厚达 13m。

由于坝址区砾岩以泥质胶结为主（泥质胶结占 85％以上），局部为泥钙质胶结，而泥质胶结砾岩胶结性能差，钻进过程中的扰动致使绝大部分岩芯成为砂砾石状，岩芯获得率小于 10％，胶结较好的柱状岩芯较少。

图 2.7 台斯水库上坝址右岸地形地貌

2.2.7 阳霞水库

1. 工程概况

阳霞水库位于轮台县境内阳霞河上，阳霞河发源于天山支脉索都尔别力山南坡，出山口以上河长约 60km，集水面积 510km^2，多年平均年径流量约 1.074 亿 m^3。

2. 西域砾岩分布及特征

第四系下更新统西域砾岩（Q_1）主要分布于阳霞河流域中低山河谷地貌区，灰色、灰绿、棕黄色，碎屑结构，层理不发育，泥钙质胶结或半胶结，砾石磨圆及分选性较好，厚度为 1000～1700m（图 2.8）。

2.2.8 苏巴什水库

1. 工程概况

苏巴什水库工程是苏巴什河上的控制性工程，主要承担灌溉、防洪等综合利用工程任务。水库枢纽工程建筑物由混凝土面板砂砾石坝、表孔溢流堰、冲沙闸、引水闸、混凝土重力坝段组成。水库正常蓄水位 1315.00m，死水位 1302.00m，正常蓄水位相应库容 1470 万 m^3。

图 2.8 阳霞水库坝址区典型西域砾岩

2. 西域砾岩分布及特征

第四系下更新统砾岩（Q_1）广泛分布于上游山间盆地边缘及库坝址河床，上游山间盆地总体厚度一般为 400～600m，最大可达 1000m。坝址河床厚度一般为 60～90m，最大厚度达 110m，岩性为灰色、灰黄色巨厚层冰水沉积砂砾岩，钙质胶结，岩体胶结较好，具有不明显水平层理。砾岩中砾石母岩主要以灰岩、砂岩为主，砾岩多有不同程度的溶蚀，形成小溶孔、小溶缝；另外，大部分颗粒级配连续性较好，孔隙较少，但部分地段砾岩砾石级配连续性差，以大粒径漂石、卵石为主，缺少细颗粒，而形成架空结构，岩体内可见明显溶蚀孔洞及孔隙，溶蚀孔洞及孔隙多且局部贯通。根据粒径大小大致可分为粗粒砂砾岩和含巨粒砂砾岩，粗粒砂砾岩中砾石粒径一般为 1～5cm，磨圆较好；含巨粒砂砾岩中卵石和砾石粒径一般为 2~6cm，夹块石，大小混杂，块石粒径最大可达 2.1m，磨圆差，级配连续性差，缺少细颗粒，砾岩呈架空结构（图 2.9）。

图 2.9　苏巴什水库典型西域砾岩岩芯

2.3　西域砾岩物相组成

由第 2.2 节可知，西域砾岩外观形态呈现明显的差别。基于西域砾岩分布及特征具有地域差异性的特点，将 XSX 水电站、五一水库和奴尔水利枢纽的西域砾岩分为 5 组，即 XSX 水电站细粒组、XSX 水电站粗粒组、五一水库细粒组、五一水库粗粒组、奴尔水利枢纽组，并选取具有代表性且区分度较高的试样进行室内物相分析试验。

2.3.1　矿物成分及含量

XSX 水电站、五一水库和奴尔水利枢纽三个工程的 5 组西域砾岩试样的 X 射线衍射（diffraction of X - rays，XRD）图谱如图 2.10~图 2.12 所示。根据 X 射线衍射图谱推算出 5 组试样中各矿物成分含量见表 2.2。从试验结果来看，5 组试验样品胶结物类型主要为泥钙质胶结，体现为白云石（XSX 水电站粗粒组）及方解石含量明显高于其他矿物成分含量。石英及长石成分含量较高可能与胶结物中混有一定比例的粉砂碎屑有关。从单个地域西域砾岩来看，XSX 水电站粗粒与细粒组矿物成分及含量有较大差别，主要反

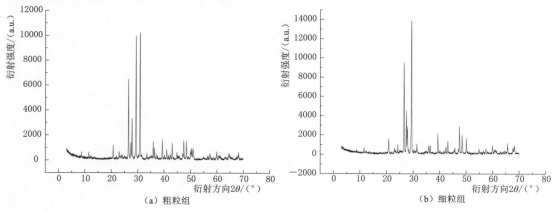

图 2.10　XSX 水电站组 XRD 图谱

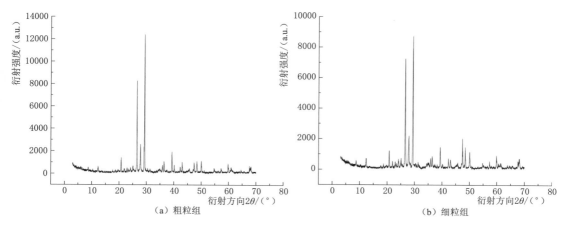

（a）粗粒组　　　　　　　　　　（b）细粒组

图 2.11　五一水库组 XRD 图谱

映在粗粒组白云石含量高达 36%，细粒组含量为 0；粗粒组石英含量为 13%，而细粒组含量为 22%。五一水库粗粒组和细粒组矿物成分及含量差别较小，仅在方解石与石英含量上有较大差别，差值分别为 6% 与 3%，得出西域砾岩粗粒、细粒组胶结物矿物成分组成较为接近的结论。从整体来看，三个地区矿物成分种类构成十分接近，反映其虽经历不同地质构造作用形成不同地质形态，但从根本上来说其组成成分仍是同根同源的。具体来说，除白云石外，奴尔水利枢纽石英含量较其余两组低，其余矿物成分均较为接近，并无显著差别。

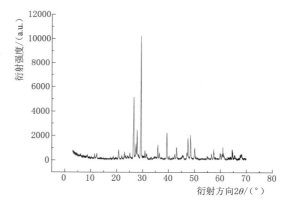

图 2.12　奴尔水利枢纽组 XRD 图谱

表 2.2　　　　　　　　　　　　各组试样矿物成分及含量

样品编号	矿 物 成 分/%								
	白云石	石膏	石英	方解石	斜长石	微斜长石	云母	高岭石	闪石
XSX 水电站粗粒	36	2	13	32	7	6	2	2	—
XSX 水电站细粒	—	3	22	49	15	9	2	2	—
五一水库粗粒	—	—	22	50	17	2	3	4	2
五一水库细粒	—	—	25	44	17	2	3	6	3
奴尔水利枢纽	—	3	15	47	17	8	2	5	3

2.3.2　化合物和元素种类及含量

通过室内检测试验，利用 X 射线荧光光谱分析技术手段，获得 5 组试样所含化合物和元素种类及相应含量，鉴于其检测结果中化合物及元素种类繁多，仅挑选前 10 种含量较多的化合物及元素进行分析。

（1）XSX 水电站试验结果。XSX 水电站粗粒组元素种类及含量见表 2.3，细粒组元素种类及含量见表 2.4。

表 2.3　　　　　　　　　　　　XSX 水电站粗粒组元素种类及含量

化合物	含量/%	标准差	元素	含量/%	标准差
CaO	27.92	0.22	Ca	19.96	0.16
SiO_2	24.99	0.22	Si	11.68	0.1
Al_2O_3	8.19	0.14	Al	4.33	0.07
MgO	4.8	0.11	Mg	2.9	0.06
Fe_2O_3	1.74	0.07	Fe	1.22	0.05
Na_2O	1.72	0.07	Na	1.28	0.05
K_2O	1.02	0.05	K	0.846	0.042
SO_3	0.859	0.043	Sx	0.344	0.017
Cl	0.481	0.024	Cl	0.481	0.024
TiO_2	0.254	0.013	Ti	0.152	0.008

表 2.4　　　　　　　　　　　　XSX 水电站细粒组元素种类及含量

化合物	含量/%	标准差	元素	含量/%	标准差
SiO_2	35.57	0.24	Si	16.63	0.11
CaO	26.4	0.22	Ca	18.87	0.16
Al_2O_3	7.92	0.14	Al	4.19	0.07
Na_2O	2.13	0.07	Na	1.58	0.05
Fe_2O_3	1.63	0.06	Fe	1.14	0.04
SO_3	1.61	0.06	Sx	0.645	0.025
K_2O	1.59	0.06	K	1.32	0.05
MgO	1.58	0.06	Mg	0.953	0.038
Cl	0.467	0.023	Cl	0.467	0.023
TiO_2	0.242	0.012	Ti	0.145	0.007

由表 2.3 和表 2.4 可知，XSX 水电站粗粒及细粒胶结物成分中所含化合物及化学元素种类相同，体现了在特定地区、特定地质环境下，胶结物形态虽表现不同，且具有局部差异性，但对于其构成元素来说是大致相同的，这也反映了在地质构造作用以及外部风化作用的不均衡性。

从化合物成分上来看，CaO 和 SiO_2 为粗粒组和细粒组主要成分，二者含量之和大于 50%，其次为 Al_2O_3、Na_2O 等，含量均小于 10%。两组含量相差较大的化合物依次为 SiO_2、MgO、CaO，差值绝对值分别为 10.58%、3.22%、1.52%，其余化合物含量差值绝对值均小于 0.8%，处于含量较为接近的水平。从化合物成分上可以推断出胶结物中含有石英（主要成分为 SiO_2）及方解石等碳酸盐类矿物（主要成分为 $CaCO_3$）。从各元素组成上来看，两组含量相差较大的元素为 Si、Mg、Ca，差值绝对值分别为 4.95%、1.947%、1.09%，其他元素含量差值绝对值均在 0.5% 以内。由此可见，XSX 水电站粗粒及细粒胶结物外观形态特征及内在力学性能表现不同的主要原因为 Si、Ca、Mg 所属矿物成分含量有较显著差异。结合 XRD 试验结果可知，产生上述元素差异较大的原因与白云石［主要成分为 CaMg(CO₃)］和石英（主要成分为 SiO₂）含量差别较大有关。

（2）五一水库试验结果。五一水库粗粒组元素种类及含量见表 2.5，细粒组元素种类及含量见表 2.6。

表 2.5　　　　　　　　　　　　　　　　五一水库粗粒组元素种类及含量

化合物	含量/%	标准差	元素	含量/%	标准差
SiO_2	43.66	0.25	Si	20.41	0.12
CaO	17.45	0.19	Ca	12.48	0.14
Al_2O_3	12.71	0.17	Al	6.73	0.09
Fe_2O_3	3.56	0.09	Fe	2.49	0.06
MgO	2.62	0.08	Mg	1.58	0.05
Na_2O	1.77	0.07	Na	1.31	0.05
K_2O	1.25	0.06	K	1.04	0.05
TiO_2	0.513	0.026	Ti	0.308	0.015
P_2O_5	0.122	0.006	Px	0.0531	0.0027
MnO	0.0894	0.0045	Mn	0.0692	0.0035

表 2.6　　　　　　　　　　　　　　　　五一水库细粒组元素种类及含量

化合物	含量/%	标准差	元素	含量/%	标准差
SiO_2	43.29	0.25	Si	20.24	0.12
CaO	17.72	0.19	Ca	12.67	0.14
Al_2O_3	12.89	0.17	Al	6.82	0.09
Fe_2O_3	4.1	0.1	Fe	2.87	0.07
MgO	2.89	0.08	Mg	1.74	0.05
Na_2O	2.11	0.07	Na	1.56	0.05
K_2O	1.35	0.06	K	1.12	0.05
TiO_2	0.539	0.027	Ti	0.323	0.016
P_2O_5	0.106	0.005	Px	0.0461	0.0023
MnO	0.0875	0.0044	Mn	0.0678	0.0034

由表 2.6 可知，不同于 XSX 水电站胶结物各化合物及元素组成，五一水库粗粒及细粒胶结物组分含量排列具有高度的一致性。其中含量相差最大的化合物为 Fe_2O_3，差值绝对值为 0.54%；含量相差最大的元素为 Fe，差值绝对值为 0.38%。

由试验结果（图 2.13 和图 2.14）可以认为五一水库处西域砾岩胶结物成分差别较小。结合 XRD 试验结果可知，其矿物成分差别不大，借此推断造成西域砾岩粗细粒分布差异的主要因素为砾石粒径,而与胶结物成分并无太大关系。

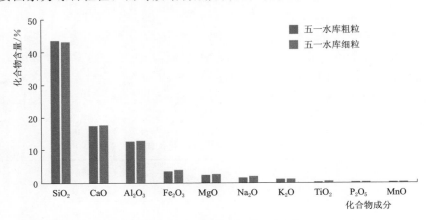

图 2.13　五一水库化合物成分及含量

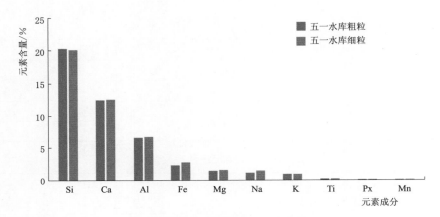

图 2.14　五一水库元素成分及含量

(3) 奴尔水利枢纽试验结果。奴尔水利枢纽细粒组元素种类及含量见表 2.7。

表 2.7　　　　　　　　　　　　奴尔水利枢纽细粒组元素种类及含量

化合物	含量/%	标准差	元素	含量/%	标准差
SiO_2	31.4	0.23	Si	14.68	0.11
CaO	27.28	0.22	Ca	19.5	0.16
Al_2O_3	8.45	0.14	Al	4.47	0.07
Na_2O	3	0.09	Na	2.23	0.06
MgO	2.9	0.08	Mg	1.75	0.05
Fe_2O_3	2.55	0.08	Fe	1.78	0.06
SO_3	1.32	0.06	Sx	0.527	0.023
K_2O	1.3	0.06	K	1.08	0.05
Cl	0.641	0.032	Cl	0.641	0.032
TiO_2	0.332	0.017	Ti	0.199	0.01

图 2.15 为 XSX 水电站、五一水库、奴尔水利枢纽三处西域砾岩成分含量对比图。从图 2.15 可知，对于含量最高的三种元素（Al、Si、Ca）来说，XSX 水电站与奴尔水利枢纽含量十分接近，五一水库 Ca 含量显著低于其余两处；与之相反，五一水库 Si 和 Al 含量显著高于其余两处。结合 XRD 试验结果可知，产生这一现象的原因主要与五一水库西域砾岩中石膏与方解石含量较低，而石英含量偏高有关。

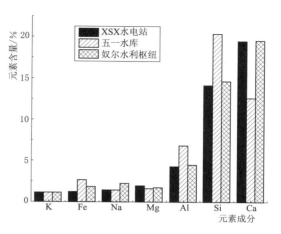

图 2.15 三处西域砾岩元素含量对比图

2.4 西域砾岩粒度分形特性分析

西域砾岩是一种主要由块石、土和胶结物充填组成的一种特殊地质体，其成因多元化，并且具有物质成分复杂、结构分布不规则、地域差异性等显著特点，力学性质十分特殊，介于土体与岩体之间。作为一种典型粒状体，西域砾岩力学行为和工程特性与结构特性关系紧密。从某种意义上来说，西域砾岩的结构特性很大程度上决定了其外在工程特性。但由于西域砾岩成因复杂，造成其结构具有高度非线性特征，给其结构特性研究带来了很大的困难。传统结构特性的研究方法为：选取岩土体代表性试样进行现场或室内筛分试验，获取各粒径质量百分含量进而绘制级配曲线，通过级配曲线特征参数（如不均匀系数、曲率系数）描述岩土体结构组成特征。本节从西域砾岩微结构的概念出发，将常规土工试验方法与分形理论结合起来，基于筛分试验数据与分形几何分析，给出了不同地区西域砾岩在结构组成上所表现出来的差异性与规律性。

2.4.1 西域砾岩微结构的自相似性

土的微结构包括三个方面的含义：①土中固、液、气等基本结构要素的大小、形态和相互关系；②各要素的定量特征；③固、液、气之间的相互作用和联结特征。随后大量学者将这一概念扩展至岩土材料，用以描述多孔介质颗粒与孔隙交叉分布的关系，经过一系列试验及理论研究发现，岩土材料的宏观物理力学性质很大程度上是由其微结构的构成方式及组成状态决定的。可以说，微结构是支撑岩土体材料力学行为的内在"骨架"。

对于西域砾岩类岩土体材料来说，其本身性质介于土体与岩体之间，形成过程中的众多不确定因素，造成其宏观结构具有很大的随机性、复杂性（如矿物种类繁多、颗粒形状各异，同一区域颗粒级配也不尽相同）。表面上看，这一类岩土体材料的微观结构组成与宏观变形、强度特性是混乱而没有秩序的。事实上，对其微结构进行研究可以发现其颗粒形态、级配特征、孔隙分布具备统计上的规律性，可以说是"杂而有序"。西域砾岩级配上的有序性，可以借助分形几何学的有关理论成果进行研究。对于静态孔隙结构，多采用经典分形 Menger 海绵体模型进行描述（图 2.16）。

图 2.16　Menger 海绵体

对于采用 Menger 海绵体模型来近似描述西域砾岩的微观结构,可以简单假设存在一边长为 R 的立方体,将各边等分成 m 份,从而得到 m^3 个等大的小立方体,从这些小立方体中按照一定规则或随机挖除 n 个作为孔隙单元,重复以上步骤,则剩余立方体单元体积逐渐减小,孔隙单元不断增多。这里,可以将剩余立方体视为西域砾岩中填充的胶结物成分,将孔隙单元视为砾石的分布空间,在每个孔隙单元填放一特定粒径砾石,伴随孔隙单元逐渐减小,西域砾岩微观结构得以构建。由此可知,Menger 海绵体的形成过程,即为西域砾岩砾石、胶结物及孔隙三者空间结构的构造过程。

2.4.2　西域砾岩基本粒度组成

根据本书第 3.6 节所示的西域砾岩室内中型剪切试验后剪切带上的破坏现象可知,主要为胶结物开裂,岩石丧失胶结能力导致块石相互脱离,或块石发生相对滚动、滑动,块石大都完整,极少破碎。根据这一特点,以五一水库西域砾岩试样为例,将剪切试验后的试样进行筛分试验,分别获得 3 组试样的级配曲线,级配曲线可以表征取样点处西域砾岩级配分布特征。

在进行筛分试验时,首先剔除试样周边的混凝土,得到块状西域砾岩试样,然后采用木锤震裂、皮锤敲击的方法将胶结物与砾石分离开来,采用规程要求的仪器设备对处理后的试样进行筛分,获得试样各粒组质量分布情况(表 2.8)。

表 2.8　　　　　　　　　　　　　　试样各粒组的质量分布表

试验编号	各粒径质量百分数/%											粗粒分维值 $(r \geqslant 0.075mm)$	细粒分维值 $(r < 0.075mm)$
	<0.1mm	0.1~0.25mm	0.25~0.5mm	0.5~1mm	1~2mm	2~5mm	5~10mm	10~20mm	20~40mm	40~60mm	60~80mm		
L1	5.65	21.2	20.15	17.7	5.96	11.3	8.91	3.46	2.31	3.36		2.34	2.34
L2	1.52	2.48	2.29	4.15	3.26	11.37	13.45	13.03	18.68	18.18	11.59	2.42	1.98
L3	2.91	7.91	8.93	12.73	6.75	17.51	15.43	13.23	11.7	2.89		2.65	1.57
L4	2.47	7.74	8.03	11.39	6.68	18.15	17.25	15.27	8.43	4.59		2.59	1.52
L5	2.35	7.7	7.62	8.95	5.23	16.57	19.79	16.91	8.15	6.73		2.61	1.61
Y1	1.12	2.25	2.11	4.03	3.62	12.94	14.96	14.98	23.24	9.91	10.85	1.58	2.59
Y2	1.3	3.11	2.15	3.33	3.11	11.82	15.87	19.99	25.3	2.78	11.23	2.31	2.31
Y3	1.85	6.94	9.11	10.69	4.77	11.73	14.27	18.85	16.65	5.14		2.39	2.39
Y4	1.26	6.3	5.57	7.41	4.33	13.48	16.07	18.35	13.53	8.28	5.42	1.86	2.54
Y5	1.62	6.35	6.64	9.44	4.63	12.28	14.92	15.52	19.44	9.15		1.85	2.63

续表

试验编号	各粒径质量百分数/%										粗粒分维值 ($r \geqslant$ 0.075mm)	细粒分维值 ($r <$ 0.075mm)
	< 0.1mm	0.1~0.25mm	0.25~0.5mm	0.5~1mm	1~2mm	2~5mm	5~10mm	10~20mm	20~40mm	40~60mm	60~80mm		
Z1	1.49	6.28	6.51	9.55	6.71	18.93	20.13	15.58	14.81			1.66	2.86
Z2	0.9	1.76	1.31	2.5	2.32	10.55	14.94	15.99	19.93	11.75	18.05	2.48	2.48
Z3	1.56	3.21	2.75	4.21	2.84	10.26	13.87	20.27	31.13	9.91		1.96	2.71
Z4	1.54	4.44	3.45	3.58	2.04	7.09	9.45	16.48	19.52	21.19	11.23	1.74	2.65
Z5	2.76	7.78	6.64	10.79	6.22	16.36	17.9	16.72	11.52	3.31		1.73	2.63

注 表中 L、Y、Z 分别代表五一水库联合进水口、溢洪道右岸、溢洪道左岸试验组。

依据表 2.8 中的数据，采用中国水利水电科学研究院编制的基于 VBA 的数据自动化计算软件，以小于某粒径的试样质量占试样总质量的百分数为纵坐标、颗粒粒径为横坐标，在单对数坐标下绘制 3 组试样的颗粒级配曲线，并自动求取对应级配曲线的不均匀系数 C_u 和曲率系数 C_c（图 2.17）。联合进水口组级配曲线如图 2.18 所示，溢洪道右岸组级配曲线如图 2.19 所示，溢洪道左岸组级配曲线如图 2.20 所示。

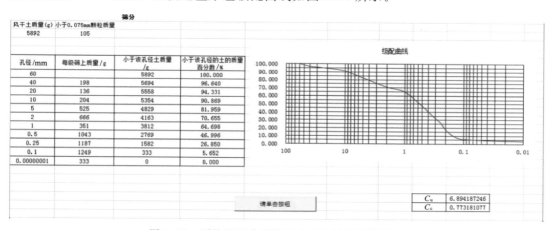

图 2.17 颗粒级配曲线数据自动化计算软件界面

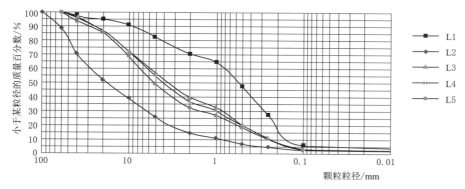

图 2.18 联合进水口组级配曲线

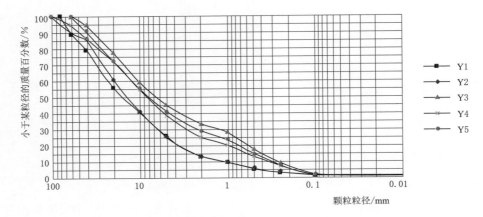

图 2.19　溢洪道右岸组级配曲线

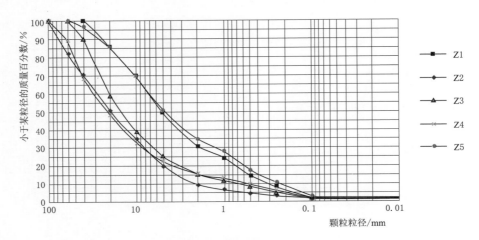

图 2.20　溢洪道左岸组级配曲线

从不同部位的级配曲线（图 2.18～图 2.20）可以看出，同一组试样的粒度组成极不均匀，级配曲线形态差异较大，粒度分布离散性很强。联合进水口组 L3、L4、L5 级配曲线形态较为接近，但个别粒径对应累计质量百分数仍有 5％～10％的偏差，试样 L1 与试样 L2 级配曲线相差悬殊，分别呈现向上凸和向下凹的形态特性，反映到试样组成上为试样 L1 的细粒含量远高于其余各组试样，级配曲线前半段平缓、后半段陡峭，整体形态向上凸，试样 L5 的粗粒含量显著高于细粒含量，级配曲线呈下凹形态。

溢洪道右岸组和溢洪道左岸组试样级配曲线形态差异较小，但从不均匀系数和曲率系数来看，仍存在较大差别。从表 2.9 中可以看出，西域砾岩试样不均匀系数均大于 5，说明其粒径分布较广，60％试样的曲率系数分布在 1～3 之间，反映其级配较为连续，没有严重的粒径缺失情况。按照传统土的级配优劣标准进行划分，西域砾岩级配质量参差不齐，并不统一。从级配角度来看，由于西域砾岩成因复杂，矿物组成具有随机性，即便在同一区域，其粒度组成与颗粒分布离散性仍然很大。

表 2.9　　　　　　　　　　　**试样级配特征参数与分维值统计表**

试验编号	不均匀系数 C_u	曲率系数 C_c	粗粒分维值 $(r \geqslant 0.5mm)$	细粒分维值 $(r < 0.5mm)$	平均值
L1	6.89	0.77	1.66	2.86	2.26
L2	29.44	1.63	2.48	2.48	2.48
L3	25.45	0.58	1.96	2.71	2.33
L4	25.63	0.71	1.74	2.65	2.2
L5	30.18	1.32	1.73	2.63	2.18
Y1	20.53	1.46	2.34	2.34	2.34
Y2	19.07	1.96	1.98	2.42	2.2
Y3	37.36	0.54	1.57	2.65	2.11
Y4	36.44	1.92	1.52	2.59	2.05
Y5	38.9	1.31	1.61	2.61	2.11
Z1	22.66	1.57	1.58	2.59	2.08
Z2	12.63	1.08	2.31	2.31	2.31
Z3	27.2	2.72	2.39	2.39	2.39
Z4	40	4	1.86	2.54	2.2
Z5	30	0.93	1.85	2.63	2.24

注　表中粗粒、细粒为相对概念，对应于西域砾岩块石、胶结物成分，划分界限为 0.5mm。

2.4.3　西域砾岩粒度分维计算模型

对于非线性的不规则物体，传统的欧氏几何无法对其进行刻画，分形几何的意义就在于给出这些物体复杂程度的一种描述。粗略地说，分形是对没有特征长度（所谓特征长度，是指所考虑的集合对象所含有的各种长度的代表值）但具有一定意义下的自相似图形和结构的总称。根据分形理论，Tyler 和 Wheatcraft[16] 于 1992 年提出了采用质量-粒径关系的分形结构模型，鉴于粒度分析所选用的岩土体在同一区域取得，其成因相同，模型不考虑颗粒密度的变化，在忽略颗粒形状变化的简化条件下，具体计算公式为

$$\frac{M(r<R)}{M_T} = \left(\frac{R}{R_T}\right)^{3-D} \tag{2.1}$$

式中：M 为小于某一粒径（R）的颗粒的质量，g；M_T 为进行粒度分析的颗粒总质量，g；R_T 为最大筛孔半径，mm；r 为颗粒粒径，mm；D 为颗粒分维。

其中，R_T 对特定筛分试验来说是确定值，进行粒度分析试验的颗粒总质量也可直接测得，由于粒径颗粒的质量累计百分比 $P(r<R)$ 与 $\frac{M(r<R)}{M_T}$ 成正比，可得

$$P(r<R) \propto R^{3-D} \tag{2.2}$$

对等式两侧取对数可得

$$\lg P(r<R) \propto (3-D)\lg r \tag{2.3}$$

因此根据西域砾岩颗粒级配曲线，绘制某一粒径对数值与该粒径对应累计质量百分数

对数值的曲线，然后进行线性拟合，得到无标度区直线部分斜率 K_i，根据式（2.4），便可得西域砾岩在不同无标度区间的分维数 D_i：

$$D_i = 3 - K_i \qquad (2.4)$$

2.4.4　西域砾岩粒度分形特征分析

依据分形理论，为使数据处理过程更加简单、直观，做出某一粒径 r 对数值和其对应累计质量百分数对数值散点图，并对其进行线性拟合，以便对西域砾岩粒度分形特征进行分析（图 2.21～图 2.25）。从粒度分形角度来看，西域砾岩存在一特征粒径值，在其两侧粗、细两个大的粒组范围分别具有良好的分形特征。

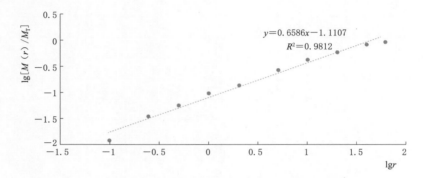

图 2.21　溢洪道右岸组 Y1 粒度分维分布曲线

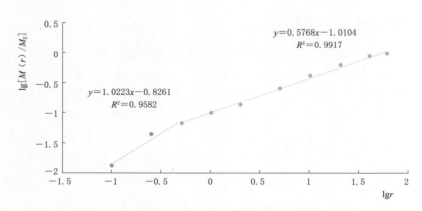

图 2.22　溢洪道右岸组 Y2 粒度分维分布曲线

从图 2.21～图 2.25 粒度分维分布曲线可以看出，溢洪道右岸组试样具有良好的分维特征，大部分具有两个分维值，且以对应颗粒粒径 0.5mm 为界，分维曲线可以分为两个无标度区间。具体来说，可分为胶结物与砾石两个分维空间，在这两个分维空间内，胶结物与砾石各自保持良好的分形特征，采用分维值可以很好地定量描述其分形特征。从直线的拟合情况来看，两个无标度区间线性拟合程度较高，且不存在斜率突变，反映出西域砾岩在胶结物及砾石两个粒组范围内具有均一性较好、级配连续的特性，其中 Y1 试样只有一个分维值，胶结物与砾石两个分维空间相融合，说明其粒度过渡均匀，级配特性良好。

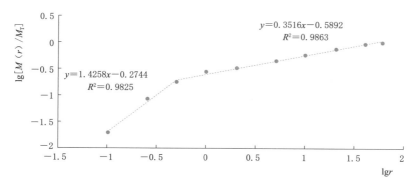

图 2.23 溢洪道右岸组 Y3 粒度分维分布曲线

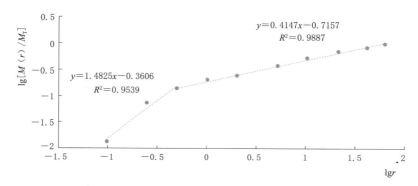

图 2.24 溢洪道右岸组 Y4 粒度分维分布曲线

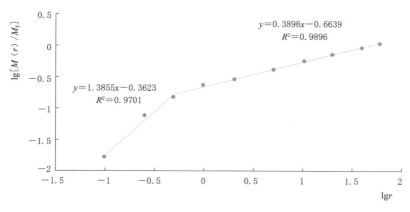

图 2.25 溢洪道右岸组 Y5 粒度分维分布曲线

进一步分析粒度分维分布曲线，可以发现其存在如下特征：

（1）从粒度分维特征这一角度来看，可以把 0.5mm 作为基质与砾石的界限粒径，在这一粒径值上下的粒组范围内，西域砾岩具有两个显著的无标度区间，在两个无标度区间中均呈现出良好的分维特征。

（2）西域砾岩粒度分维绝大部分具有二重分维特性，可以认为：一重分维特征为级配良好的表现，体现为粗细颗粒分布均匀、粒径过渡连续、无中间粒径缺失现象；对于二重分维特征来说，其在双对数坐标下构成的折线大部分具有上凸的结构，向上凸起的程度越大，表明以细粒为原材料的胶结物含量越高。

（3）胶结物的分维值普遍小于砾石分维值，且二者差值的绝对值反映级配曲线的平缓程度，其值越大，表明胶结物与砾石含量相差越大，级配曲线中间过渡段越陡；其值越小，说明胶结物与砾石含量相差越小，中间粒径过渡均匀，越趋近于单一分维特征，级配曲线越平缓。

2.5　西域砾岩分类方法

西域砾岩由于成岩时间较短，且近年来才逐渐有水利水电工程修建在该地层上，对其工程分类、物理力学性质及相配套的试验方法仍处于不断发展中。本章在系统收集依据现有工程地质勘察规范进行的不同工程西域砾岩勘察试验资料的基础上，结合砾岩分类方法和西域砾岩现场调查现象，在综合考虑影响西域砾岩物理力学性质的砾石粒径分布特征、基质（胶结物）颜色、胶结物成分、固结程度等因素后，提出了一种适合于水利水电工程的西域砾岩分类方法。

2.5.1　西域砾岩物理力学性质

1. 粒径分布特征

西域砾岩中砾石成分复杂，多为花岗岩、片麻岩、灰岩、砂岩等中硬或坚硬岩，磨圆差或较好，多以次圆状或圆状为主，颗粒大小变化较大，分选性较差（粒径一般在 5～150mm 之间居多，最大为 500～600mm）。如表 2.10 所示，恰木萨水电站引水渠首段西域砾岩、吐哈盆地分布的西域砾岩，砾石直径多在 200～400mm 之间；五一水库、奴尔水利枢纽、XSX 水电站及莫莫克水利枢纽西域砾岩砾石直径多在 20～200mm 之间；叶尔羌河右岸局部地段的西域砾岩砾石直径多在 20～50mm 之间。

表 2.10　　　　　　　　　不同工程西域砾岩砾石粒径分布特征

编号	工程名称	西域砾岩砾石粒径分布特征
1	五一水库	砾石粒径一般为 50～100mm，最大可达 350mm，砾石成分以花岗岩、辉绿岩、凝灰岩为主
2	XSX 水电站	砾石含量为 80% 左右，分选性中等，粒径一般为 10～50mm，最大可达 400mm 左右
3	奴尔水利枢纽	粒径大于 200mm 的含量 51.5%；200～60mm 的含量 17.1%；60～20mm 的含量 10.7%；20～5mm 的含量 7.8%
4	莫莫克水利枢纽	粒径大于 60mm 的含量 30.4%；60～20mm 的含量 21.9%；20～5mm 的含量 10.9%；5～2mm 的含量 8.9%
5	沙尔托海水利枢纽	粗粒砾岩中砾石粒径一般为 30～80mm，最大达 150mm；细粒砾岩多为含砂细砾岩，其砾石粒径一般为 5～10mm
6	台斯水库	西域砾岩中卵、砾石粒径一般为 20～100mm，大小混杂，最大可达 500～600mm
7	苏巴什水库	细粒砾岩中砾石粒径一般为 10～50mm，磨圆较好，局部夹块石，块石粒径最大可达 210mm，砾石成分以灰岩、砂岩为主

根据西域砾岩中砾石的平均直径大小，可把西域砾岩分为粗砾岩、中砾岩和细砾岩，具体划分标准见表 2.11。

表 2.11　　　　　　　　　　　　西域砾岩按平均砾径划分

砾石平均直径/mm	定名	代 表 工 程
1～50	细砾岩	XSX 水电站、苏巴什水库
50～100	中砾岩	奴尔水利枢纽、恰木萨水电站、五一水库
>100	粗砾岩	莫莫克水利枢纽

2. 基质颜色

西域砾岩的颜色较为复杂，往往不是单一颜色，主要有灰色、灰白色、土黄色，砾石颜色与母岩相关，基质的颜色与沉积环境密切相关。根据对新疆西域砾岩的调查结果看，主要有以下特征：

（1）基质颜色为灰白色的砾岩，其上游及附近广泛分布灰岩，砾石成分主要以灰岩为主，砾岩胶结物以钙质为主，遇稀盐酸剧烈起泡，长期浸泡周围无剥离或极少剥离，单轴干抗压强度一般在 45～70MPa；饱和抗压强度较高，一般在 30～40MPa 之间，如苏巴什水库。

（2）基质颜色为灰白色的砾岩，其上游往往都有灰岩分布，砾岩胶结物中钙质含量相对较高，遇稀盐酸剧烈起泡，长期浸泡周围无剥离或极少剥离，单轴干抗压强度 30～50MPa；饱和抗压强度相对较高，在 5～20MPa 之间，如 XSX 水电站、恰木萨水电站、莫莫克水利枢纽。

（3）基质颜色为灰黄色或土黄色的砾岩，砾岩胶结物中钙质含量相对较少，泥质胶结占主导，遇稀盐酸起泡不强烈，遇水易软化，长期浸泡周围多有剥离或呈散体状，抗压强度相对较低，单轴干抗压强度 3～6MPa；单轴饱和抗压强度在 1～3MPa 之间，如五一水库工程和奴尔水利枢纽工程。

3. 胶结物成分

根据对新疆西域砾岩的胶结物调查及已有工程试验成果，西域砾岩常见的胶结物成分主要有钙质、钙泥质、泥质三种，其主要特征见表 2.12。

表 2.12　　　　　　　　　　　　砾岩胶结物成分特征表

胶结物成分	颜色	岩石固结程度	硬度	加稀盐酸的反应
钙质	灰白	稍硬	>小刀	剧烈起泡
钙泥质	青灰色	中等	<小刀	起泡明显
泥质	灰—灰黄色	松软	<小刀	无反应

钙质胶结西域砾岩分布较少，目前仅在苏巴什水库和部分河流高阶地发现。钙质胶结物遇稀盐酸剧烈起泡，钙质胶结端口较平，有时为贝壳状，擦痕比较明显、典型，硬度大于小刀。白色可以刻划，附近常见方解石脉或附近有碳酸盐岩分布。钙质胶结的西域砾岩固结程度较硬。

钙泥质（钙质＋泥质）作为胶结物在西域砾岩里出现最多，如五一水库、莫莫克水利枢纽、奴尔水利枢纽、恰木萨水电站、XSX 水电站，以及天山北部的奎屯河峡谷、玛纳斯河峡谷等。钙泥质胶结物通常遇稀盐酸发生明显起泡反应，且硬度小于小刀。钙泥质胶结的西域砾岩固结程度为中等。

泥质胶结西域砾岩主要呈夹层分布于钙泥质胶结砾岩内，胶结物多呈灰黄色，小刀很容易刻动，遇稀盐酸不起泡，胶结断口粗糙。泥质胶结的西域砾岩固结程度中等。

2.5.2　西域砾岩分类体系

借鉴砾岩的分类方法并结合西域砾岩自身特点，以西域砾岩的颜色、胶结物的硬度和物质成分、砾石平均粒径、固结程度等为主要划分依据，提出了西域砾岩的综合分类体系，见表 2.13。

表 2.13　　　　　　　　　　　　西域砾岩综合分类体系

分类名称	颜色	胶　结　物	砾石平均粒径/mm	长期浸水反应
钙质胶结细砾岩	灰白	岩石固结程度稍硬，硬度>小刀，加稀盐酸后起泡剧烈	1~50	周围无剥离
钙质胶结中砾岩			50~100	
钙质胶结粗砾岩			>100	
钙泥质胶结细砾岩	青灰色	岩石固结程度中等，硬度<小刀，加稀盐酸后起泡明显	1~50	周围有剥离
钙泥质胶结中砾岩			50~100	
钙泥质胶结粗砾岩			>100	
泥质胶结细砾岩	灰—灰黄色	岩石固结程度松软，硬度<小刀，加稀盐酸后无反应	1~50	剥离—散体状
泥质胶结中砾岩			50~100	
泥质胶结粗砾岩			>100	

第3章

西域砾岩物理力学特性

3.1　概述

西域砾岩具有砾岩磨圆度低、分选性差、孔隙率大等特点，其物理力学性质，如孔隙率、水理化特性、抗压强度、强度和变形特性等与砾岩的粒径大小、颗粒级配、胶结物性质、固结程度（成岩历时）等密切相关。本章在系统收集和整理新疆地区已建和在建水利工程西域砾岩地质资料与试验资料的基础上，总结了五一水库和莫莫克水利枢纽不同区域西域砾岩胶结物的性质，不同工程西域砾岩的孔隙率、水理性、强度和变形参数。由于西域砾岩成岩时间短，在水浸条件下性能不稳定、容易流失，不能把砾石很好地胶结在一起，如按常规砾岩的取样方法，西域砾岩的钻孔取芯困难，用于室内外大中型标准立方体试样难以加工成型。因此，本章结合西域砾岩自身特点，给出了用于钻孔取芯和中型剪试样加工方法及配套的试验方法。

3.2　不同工程西域砾岩特征和胶结物性质

3.2.1　五一水库西域砾岩

1. 导流兼泄洪洞进出口部位西域砾岩水理特性

五一水库导流兼泄洪洞进出口开挖边坡地层岩性以第四系下更新统西域砾岩为主，颜色为青灰色、灰黄、土黄色不一，碎屑结构，层理不发育，以泥质胶结半胶结为主，泥钙质胶结仅占 10%～15%，砾岩中砾石粒径一般为 2～5cm，砾石磨圆及分选性较好。西域砾岩干燥状态下坚硬、锤击不易碎，砾岩爆破后均呈松散砂砾石状，偶可见一两块未破碎团块，其中青灰色砾岩团块砂含量相对较高，用地质锤击打，团块坚硬不碎；而土黄色砾岩团块土含量相对较高，轻击土黄色团块，当即碎裂成散体。

图 3.1 为青灰色、青灰夹土黄色、土黄色三种不同颜色西域砾岩试样浸水初期和浸水一个月后的实际照片。由这简单的浸泡试验可以发现以下特征：

（1）将青灰色砾岩样（砾石含量较多，胶结较硬，钙质成分多）放入水中浸泡，没有出现冒水泡及剥离砂和砾石现象，样块在水中浸泡多日仍坚硬如初；泡水一个月以后，用

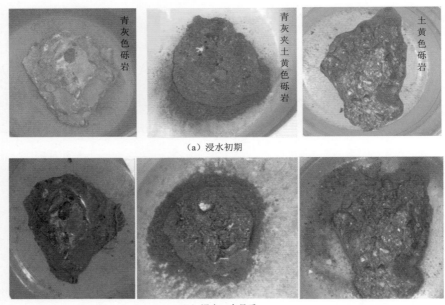

（a）浸水初期

（b）浸水一个月后

图 3.1　西域砾岩试样浸水前后对比

手在其边缘亦不易剥动。

（2）将青灰夹土黄色西域砾岩样（泥质和钙质相对均衡，胶结稍硬）放入水中，沿样块周围冒水泡，并沿周围往下剥离粗砂和小砾石，浸泡 3min 以后沿样块冒水泡逐渐变少，往下剥离粗砂和砾石的速度变慢，浸泡 10min 以后，沿样块冒水泡很少，剥离现象也变少，11min 以后间隔 2～3min 偶尔冒一小水泡，剥离很缓慢，一天以后，无冒泡及剥离砂和砾石现象；一个月之后，用手在边缘部位可轻轻将样块捏散。

（3）而将土黄色砾岩样（泥质胶结成分高）放入水中后，沿样块周围局部冒水泡，并沿周围往下剥离粗砂和小砾石，浸泡 3min 之前，有多处冒泡，3～5min 之间有 2～3 处冒泡，5min 后只有一处冒泡，10min 之前偶冒一小泡，15min 之后无冒泡现象，往下剥离粗砂和砾石较少；泡水一个月之后，用手在岩样边缘部位可轻轻将样块捏散。

2. 不同类型西域砾岩砾石分布性态及胶结物性质

对五一水库联合进水口、导流洞出口、坝址河床左岸三个地点共 11 组不同类型西域砾岩进行了岩矿鉴定，按表 2.13 分类方法，经室内镜下观察并结合表观颜色、主要矿物、砾岩粒径、胶结物性质，对这 11 组西域砾岩进行了命名，详细描述见表 3.1。由表 3.1 可知：就五一水库西域砾岩而言，大部分是由砾石、砂及胶结物组成，其中砾石含量约占 60%～75%，多呈次圆、次棱角状，砾石粒径为 0.2～10cm 不等，成分以灰岩、泥岩、粉砂岩为主，少量安山岩、糜棱岩；砂含量约占 5%～15%，主要由长石、石英及岩屑组成，粒径为 0.06～2.0mm；胶结物以泥钙质胶结或泥质半胶结为主，泥钙质胶结占 10%～15%，多为粒径小于 0.004mm 的泥晶方解石、粒径为 0.03～0.6mm 的亮晶方解石，少量粒径为 0.004～0.06mm 的粉微晶方解石。

表 3.1   西域砾岩胶结物成分鉴定成果汇总

编号	取样位置	颜色	定名	结构构造	矿 物 成 分
1	V—V剖面（1375m高程）	土黄色	泥钙质胶结中砾岩	不等砾砾状结构、块状构造	岩石由砾石、砂及胶结物组成，其中砾石占70%（结合于标本），呈次棱角状~次圆状，粒径为2.0~50.0mm不等；成分为灰岩、泥岩、粉砂岩、安山岩、糜棱岩、角岩、微晶片岩；大小不一，杂乱分布。砂占20%，由长石、石英及岩屑组成，粒径为0.4~2.0mm，呈次棱角状~次圆状，斜长石少量，石英为多晶石英（石英岩），岩屑成分同砾石；长石占1%，石英占3%，岩屑占16%。胶结物占10%，胶结物为钙质，多为粒径小于0.004mm的泥晶方解石、少量粒径为0.004~0.06mm的粉微晶方解石
2	III—III剖面（1375m高程）	灰色	泥钙质胶结细砾岩	粗中粒砂状结构、块状构造	岩石由碎屑和胶结物组成。碎屑占90%，由长石、岩屑组成，呈次棱角状~次圆状，粒径以小于0.25~5.0mm的中砂为主，其次为粒径小于0.5~7.0mm的粗砂，少量小于0.06~0.25mm的细砂和小于0.06mm的粉砂；长石有斜长石和钾长石，岩屑成分有灰岩、干板岩、霏细岩、隐晶状长英质集合体、粉砂岩、黑云母，另外有少量石英岩、硅质岩（长石：少量，岩屑：100%，石英：少量）。胶结物占10%，为他形亮晶方解石，粒径小于0.03~0.4mm不等，晶面不干净
3	联合进水口	III—III剖面（1372m高程）	土黄色	泥质胶结中砾岩	不等砾砾状结构、块状构造	岩石由砾石、砂及胶结物组成。砾石占75%，呈次棱角状~次圆状，粒径为2.0~80.0mm不等（结合于标本），大小不一，成分为灰岩、细砂岩、粉砂岩、蚀变岩、微晶片岩，少量糜棱岩、安山岩。砂占15%，由长石、石英及岩屑组成，粒径小于0.2~2.0mm，呈次棱角状~次圆状，长石为斜长石及钾长石，石英为单晶石英及多晶石英（石英岩），岩屑成分同砾石，另见少量角闪石、黑云母及磁铁矿；长石占2%，石英占2%，岩屑占11%。胶结物占10%，为钙质，为粒径小于0.004mm的泥晶，少量有变结晶
4		IV—IV剖面（1332m高程）	土黄色			岩石由砾石、砂及胶结物组成。砾石占70%，呈次棱角状~次圆状，粒径为2.0~90.0mm不等（结合于标本），成分主要为粉砂岩、板岩、灰岩、微晶片岩，少量蚀变岩、糜棱岩、安山岩、霏细岩，大小不一。砂占15%，呈次棱角状~次圆状，由长石、石英及岩屑组成，粒径小于0.2~2.0mm，长石为斜长石，石英为单晶石英及多晶石英（石英岩），岩屑成分同砾石，另见少量辉石、角闪石、白云母；斜长石少量，石英占3%，岩屑占12%。胶结物占15%，为钙质，多为粒径0.06~0.6mm的亮晶方解石
5		IV—IV剖面（1331m高程）	灰色	泥钙质胶结中砾岩		岩石由砾石、砂及胶结物组成。砾石占75%，呈圆~次圆状，粒径大于2.0~100.0mm不等，成分有云母石英微晶片岩、阳起石英微晶片岩、灰岩、干板岩、安山岩、长英质糜棱岩、细砂岩、粉砂岩、花岗岩、绿帘蚀变岩等。砂占15%，由长石、石英、岩屑组成，呈次棱角状~次圆状，粒径0.06~2.0mm不等，长石有斜长石、钾长石，石英有单晶石英、多晶石英（长石：少量，岩屑：15%），岩屑成分同砾石。胶结物占10%，为他形亮晶方解石，粒径小于0.03~0.4mm不等，晶面不干净

续表

编号	取样位置	颜色	定名	结构构造	矿物成分
6	联合进水口	IV—IV剖面 (1320m 高程)	土黄色	泥钙质胶结细砾岩	中粒砂状结构，块状构造	岩石由碎屑和胶结物组成。碎屑占95%，主要由岩屑组成，分选较好，以 0.25～0.5mm 的中砂为主，0.5～2.0mm 的粗砂及 0.06～0.25mm 的细砂少量；粒径为 50.0～2.0mm 的砾石约占 15%（结合于标本）；岩屑成分为灰岩、板岩、粉砂岩、细砂岩、泥岩、霏细岩、少量辉石、黑云母、磁铁矿；石英为单晶石英及多晶石英（石英岩），斜长石少量，长石少量，石英占 5%。胶结物占 5%，为钙质，为粒径 0.03～0.15mm 的亮晶方解石
7		III—III剖面 (1331.9m 高程)	土黄色 (灰)	泥质胶结中砾岩	不等砾砾状结构、块状构造	岩石由砾石、砂及胶结物组成。砾石占60%，呈次棱角状～次圆状，粒径为 2.0～80.0mm 不等（结合于标本），成分主要为粉砂岩、泥岩、灰岩、霏细岩、安山岩，大小不一。砂占 30%，多由岩屑组成，粒径小于 0.4～2.0mm，呈次棱角状～次圆状，岩屑成分同砾石，斜长石少量，石英为单晶石英及多晶石英（石英岩）；长石少量，石英占 4%，岩屑占 26%。胶结物占 10%，为钙质，多为粒径小于 0.004mm 的泥晶方解石
1	导流洞出口	III—III剖面 (1293m 高程)	土黄色 (灰)	泥质胶结细砾岩	中细砾砾状结构、块状构造	岩石由砾石、砂及胶结物组成。砾石占65%，呈次棱角状～次圆状，粒径在 2.0～30.0mm 之间（结合于标本），其中以粒径为 2.0～8.0mm 的细砾为主，8.0～30.0mm 的中砾次之，成分主要为泥岩、灰岩、粉砂岩、板岩、霏细岩、凝灰岩。砂占 20%，主要由岩屑组成，粒径为 2.0～0.5mm 的粗砂，呈次棱角状～次圆状，岩屑成分同砾石，另见少量石榴石、黑云母、斜长石、石英。胶结物占 15%，为钙质，为粒径 0.6～0.2mm 的亮晶方解石，表面干净
2		III—III剖面 (1303m 高程)	土黄色 (灰)	泥质胶结中砾岩	不等砾砾状结构、块状构造	岩石由砾石、砂及胶结物组成。砾石占70%，呈次棱角状～次圆状，粒径在 2.0～70.0mm 之间（结合于标本），成分主要为粉砂岩、细砂岩、灰岩、泥岩、微晶片岩、板岩，少量安山岩、玄武岩、凝灰岩、蚀变岩，大小不一。砂占 15%，主要由岩屑组成，呈次棱角状～次圆状，粒径在 2.0～0.4mm 之间，岩屑成分同砾石，另见少量石榴石、辉石、斜长石，石英占 2%、岩屑占 13%。胶结物占 15%，为钙质，为粒径 0.05～0.4mm 的亮晶方解石，表面不干净
3		II—II剖面 (1356m 高程)	土黄色	泥质胶结细砾岩	中细砾砾状结构、块状构造	岩石由砾石、砂及胶结物组成。砾石占65%，呈次棱角状～次圆状，粒径在 2.0～20.0mm 之间（结合于标本），其中以粒径小于 2.0～8.0mm 的细砾为主，8.0～20.0mm 的中砾次之，成分主要为粉砂岩、细砂岩、黑云石英片岩、灰岩、泥岩，少量安山岩。砂占 25%，呈次棱角状～次圆状，主要由岩屑组成，粒径为 2.0～0.5mm 的粗砂，岩屑成分同砾石，斜长石少量，石英为单晶石英及多晶石英（石英岩），长石少量，石英占 2%、岩屑占 23%。胶结物占 10%，为钙质，为粒径小于 0.004mm 泥晶方解石

编号	取样位置	颜色	定名	结构构造	矿物成分
1	河床左岸	土黄色（灰）	泥质胶结细砾岩	不等砾砾状结构、块状构造	岩石由砾石、砂及胶结物组成。砾石占75%，呈圆～次圆状，粒径为2.0～35.0mm不等，成分有灰岩、细砾岩、粉粒岩、花岗岩、千板岩、云母石英微晶片岩。砂占10%，由长石、岩屑组成，呈次棱角状～次圆状，粒径小于2.0～0.6mm不等，长石有斜长石、钾长石，岩屑成分同砾石，另外见少量阳起石、黑云母（长石：少量，岩屑：10%）。胶结物占15%，以泥晶方解石为主，粒径小于0.004mm；有少部分亮晶方解石，粒径小于0.4mm

3.2.2 莫莫克水利枢纽西域砾岩

莫莫克水利枢纽坝址区西域砾岩以泥钙质和泥质胶结为主，表3.2给出了两组泥钙质胶结、一组泥质胶结西域砾岩各砾石的粒径特征，图3.2为泥质胶结西域砾岩试样颗粒实物图。

表3.2　　　　　　　　　坝址区砾岩颗粒分析试验成果

试样编号	分类	粒径组成/mm										胶结物含量/%	有效粒径 d_{10} /mm	不均匀系数 C_u	曲率系数 C_c
		卵石	粗砾	中砾	细砾	粗砂	中砂	细砂	粉粒	黏粒	胶粒				
		>60	60～20	20～5	5～2	2～0.5	0.5～0.25	0.25～0.075	<0.075	<0.005	<0.002				
		含量/%													
YK4	泥钙质胶结	57.2	25.7	8.5	2.6	1.9	0.5	1.2	2.4	—	—	27.6	7.0	10.7	3.5
YK5		33.8	31.7	16.6	7.3	3.9	0.9	2.7	3.1	—	—	18.0	1.70	29.5	3.0
YK6	泥质胶结	0.3	8.4	29.4	22.7	20.8	4.1	7.5	6.8	1.0	0.5	—	0.14	33.6	1.3

由表3.2和图3.3可知，泥钙质胶结西域砾岩卵石约占30%～60%，砾石约占35%～55%，砂约占3%～6%，粉粒约占2%～3%，胶结物约占25%～30%，钙质约占45%～50%。泥质胶结西域砾岩卵石约占0.3%～1%，砾石约占50%～60%，砂约占20%～35%，粉粒约占6%～8%，黏粒约占1.5%～2%。

图3.2　泥质胶结西域砾岩试样颗粒实物图

3.2.3 苏巴什水库西域砾岩

根据对苏巴什水库坝址细砾岩的磨片鉴定，坝址西域砾岩中砾石主要成分为灰岩（表3.3），砾岩碎屑之间呈点状、线状接触，泥晶方解石呈孔隙或胶结，胶结物占15%，为钙质胶结（图2.9）。岩石中碳酸盐矿物方解石总量已超过50%，岩石向碎屑灰岩过渡。

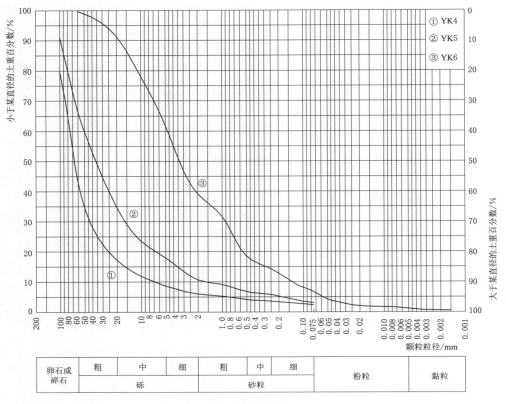

图 3.3　西域砾岩颗粒分析曲线

表 3.3　　　　　　　　　　　　苏巴什水库砾岩磨片鉴定试验成果

野外编号	肉眼观察	镜下观察定名	结构、构造	矿　物　成　分
ZK16	—	钙质细砾岩	砾状结构，块状结构	岩石主要由粗碎屑构成，其中 8mm×10mm～2mm 细砾石占 65%，0.01～2mm 的碎屑占 20%，胶结物占 15%。碎屑呈圆状、次圆状，磨圆甚好。碎屑成分主要由泥晶灰岩、泥灰岩、粉晶灰岩、生物碎屑、粉砂岩、细砂岩、钙质粉砂岩、安山岩等构成。碎屑之间呈点状、线状接触，泥晶方解石呈孔隙或胶结。岩石中碳酸盐矿物方解石总量已超过 50%，岩石向碎屑灰岩过渡

3.3　西域砾岩的水稳定性

3.3.1　水稳定性试验方法

如前文所述，西域砾岩胶结物多为泥质和泥钙质，纯钙质胶结西域砾岩目前不多见，泥质和泥钙质胶结物在浸水条件下性状较不稳定。在水的作用下，西域砾岩特别是胶结物的水理化特性随时间如何变化，它的水稳定性是否会直接影响西域砾岩的渗透特性以及上覆建筑物的安全？为回答这一问题，将奴尔水利枢纽钙泥质胶结的西域砾岩试样在实验室条件下进行了水稳定性试验。具体方法为：首先将现场取回的西域砾岩原状试样尽量切割成 7cm×7cm×7cm 正方体，并放入 105℃的烘箱中烘烤 1d；然后，将烘干后的试样在静水或动水中浸泡一段时间，测量浸水前后试样的表面颜色、质量和无侧限抗压强度的变化，以评价西域砾岩试样的水稳定性。西域砾岩水稳定性试验如图 3.4 所示。

（a）切割成型的西域砾岩试样

（b）试样在烘箱烘干 1d

（c）试样在静水中浸泡

（d）无侧限抗压试验

图 3.4　西域砾岩水稳定性试验

3.3.2　静水浸泡

对在静水中浸泡 15d 和 90d 后的西域砾岩试样进行观察、干燥称重及抗压强度试验，试验结果见表 3.4 和图 3.5。由表 3.4 和图 3.5 可知：

（1）静水浸泡 15d 后，试样整体保持完整，表面有色泽变化；浸泡 90d 后，试样依旧保持完整，表面颜色发生变化，试样下表面有少量泥状物质析出。

（2）静水浸泡 15d 后，试样累积质量损失率为 0.007%～0.009%；浸泡 90d 后，试样累积质量损失率为 0.013%～0.016%。

（3）静水浸泡 90d 后，胶结较好试样的抗压强度为 6.96～8.14MPa，胶结较差抗压强度为 2.37～2.86MPa；静水浸泡 90d 后，试样的抗压强度与未浸泡试样抗压强度基本相当，处于同一区间。

表 3.4　　　　　　　　　　　　　静水浸泡试样质量变化情况

试样编号		J1	J2	J3	J4	J5	J6
试样尺寸 /(cm×cm×cm)		6.83×7.33 ×6.34	7.32×7.33 ×6.49	7.77×6.54 ×7.35	7.05×6.47 ×6.49	7.36×7.33 ×6.25	7.93×7.58 ×6.94
质量变化率 /%	15d	−0.007	−0.008	−0.007	−0.009	−0.007	−0.009
	90d	−0.013	−0.012	−0.014	−0.015	−0.013	−0.016

3.3.3　动水浸泡

将切割好的西域砾岩试样放入清水中，以 50r/min 的速度持续搅拌，形成动水条件。试验时，每 3d 更换一次水样，然后分析和确定试样的质量及抗压强度。动水条件下西域砾岩试样浸泡 15d 和 90d 后的试验结果见表 3.5 和图 3.6。由表 3.5 和图 3.6 可知：

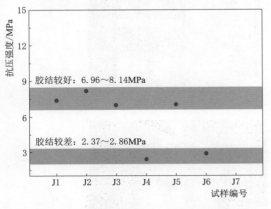

图 3.5　在静水中浸泡 90d 后试样抗压强度　　　　图 3.6　在动水中浸泡 90d 后试样抗压强度

（1）动水浸泡 15d 和 90d 时，试样保持完整性，但试样表面颜色发生了变化。

（2）与静水浸泡试验相比，动水浸泡条件下试样质量损失要更大，是静水浸泡条件质量损失率的 2 倍，15d 损失率约为 0.023%～0.031%，90d 损失率约为 0.037%～0.049%。

（3）动水浸泡 90d 后，胶结较好试样的抗压强度为 6.56～7.54MPa，胶结较差抗压强度为 2.25～2.36MPa。试样在动水中浸泡 90d 后，抗压强度与未浸泡试样抗压强度基本相当，处于同一区间，动水浸泡对试样的抗压强度影响较小。

表 3.5　　　　　　　　　　　　　　动水浸泡试样质量变化情况

试样编号		D1	D2	D3	D4	D5	D6
试样尺寸 /(cm×cm×cm)		7.35×7.43 ×6.75	7.35×6.88 ×6.93	6.83×6.95 ×6.34	7.32×6.74 ×6.74	7.25×7.45 ×6.74	7.55×7.63 ×6.22
质量变化率 /%	15d	−0.029	−0.024	−0.031	−0.026	−0.023	−0.030
	90d	−0.045	−0.040	−0.049	−0.037	−0.043	−0.048

3.4　岩石孔隙率

表 3.6 为实际工程中的各类岩石孔隙率统计结果，图 3.7 为表 3.6 中所列岩石孔隙率统计频率柱状图及累计频率曲线。表 3.7 总结了新疆四个工程西域砾岩孔隙率的试验值，相应孔隙率统计频率柱状图及累计频率曲线如图 3.8 所示。从表 3.6 和表 3.7 可知，西域砾岩是不同粒径的砾石胶结而成，由于成岩时间较短，具有孔隙率大的特点，孔隙率一般在 4.5%～23% 之间，而常规岩石的孔隙率大多在 2% 以下，西域砾岩的孔隙率为常规岩石孔隙率的 2～3 倍。

表 3.6   实际工程中的各类岩石孔隙率统计结果[17]

岩石种类	岩 石 名 称	孔隙率/%	工程名称
火成岩	灰绿色安山凝灰集块岩	0.92	桓仁水电站
	紫红色安山凝灰岩	1.17	桓仁水电站
	深灰色安山凝灰集块岩	0.73	桓仁水电站
	细粒角闪斜长岩	2.67	白山水电站
	花岗斑岩，新鲜	1.87	紧水滩水电站
	花岗岩，新鲜	3.07	紧水滩水电站
	花岗岩，弱风化	2.61	紧水滩水电站
	闪云斜长花岗岩，新鲜	0.45	三峡水利枢纽
	闪云斜长花岗岩，微风化	0.71	三峡水利枢纽
	闪云斜长花岗岩，弱风化	1.59	三峡水利枢纽
	闪长岩，新鲜	0.42	三峡水利枢纽
	闪长岩，微风化	0.11	三峡水利枢纽
	闪长岩，弱风化	0.24	三峡水利枢纽
	辉绿岩，弱风化	0.68	三峡水利枢纽
	细粒花岗岩	0.99	三峡水利枢纽
	花岗岩	0.54	三峡水利枢纽
	碎斑岩，微风化	4.47	三峡水利枢纽
	碎裂花岗岩	1.34	三峡水利枢纽
	碎裂闪长岩，新鲜	0.56	三峡水利枢纽
	碎裂闪长岩，微微风化	2.27	三峡水利枢纽
	碎裂闪长岩，弱风化	4.61	三峡水利枢纽
	碎裂闪云斜长花岗岩，微风化	1.92	三峡水利枢纽
	碎裂闪云斜长花岗岩，弱风化	1.92	三峡水利枢纽
	闪长岩脉，微风化	0.7	三峡水利枢纽
	闪长岩脉，弱风化	0.88	三峡水利枢纽
	辉绿岩脉	0.96	三峡水利枢纽
	侏罗纪，粗粒花岗岩，新鲜	1.13	东江水电站
	侏罗纪，粗粒花岗岩，弱风化	3.29	东江水电站
	中细粒斑状花岗岩，新鲜	0.76	东江水电站
	花岗岩，微弱蚀变	3.75	广州抽水蓄能电站
	中粗粒花岗岩，微风化～新鲜	2.05	广州抽水蓄能电站
	中粗粒花岗岩，弱风化	2.6	广州抽水蓄能电站
	斑状花岗岩	0.75	大广坝水电站
	斑状花岗岩	1.63	大广坝水电站
	花岗伟晶岩脉	0.73	李家峡水电站

岩石种类	岩 石 名 称	孔隙率/%	工程名称
火成岩	花岗闪长岩，微风化	1.31	龙羊峡水电站
	花岗闪长岩，弱风化	1.83	龙羊峡水电站
	伟晶岩，弱风化	3	龙羊峡水电站
	花岗岩，微风化	0.46	拉西瓦水电站
	玄武岩，坚硬	0.76	盐水沟水电站
	玄武岩，坚硬	1.44	盐水沟水电站
	玄武岩，软弱	5.71	盐水沟水电站
	玄武岩，多气孔	2.99	盐水沟水电站
	玄武岩，弱风化	5.67	盐水沟水电站
	火山角砾岩	4.87	盐水沟水电站
	流纹岩，微风化	1.48	漫湾水电站
	流纹岩，弱风化	2.24	漫湾水电站
	凝灰熔岩，微风化	2.36	漫湾水电站
沉积岩	石英砂岩	1.87	朱庄水库
	石英砂岩	1.87	朱庄水库
	石英砂岩	1.87	朱庄水库
	石灰岩，中厚层	0.99	恒山水库
	石灰岩，竹叶状	1.09	恒山水库
	白云质灰岩	1.04	恒山水库
	灰岩	2.95	恒山水库
	薄层灰岩泥灰岩互层	1.61	恒山水库
	页岩	4.4	恒山水库
	紫红色砂岩，弱风化	1.82	清河水库
	紫红色砂岩，强风化	2.18	清河水库
	紫红色砾岩，弱风化	2.94	清河水库
	紫红色砾岩，强风化	2.94	清河水库
	钙质砾岩	2.91	葛洲坝水利枢纽
	钙泥质砾岩	3.49	葛洲坝水利枢纽
	泥质砾岩	3.32	葛洲坝水利枢纽
	紫灰色石英砂岩	0.01	凤滩水电站
	灰棕色石英砂岩	0.003	凤滩水电站
	灰棕色石英砂岩，微风化	0.003	凤滩水电站
	石英砂岩	0.003	凤滩水电站
	紫色砂岩	0.01	凤滩水电站
	砂岩	3	青铜峡水电站

续表

岩石种类	岩 石 名 称	孔隙率/%	工程名称
沉积岩	灰岩	1.8	青铜峡水电站
	断层方解石角砾岩	2.22	青铜峡水电站
	紫红色石英细砂岩	0.88	大藤峡水电站
	灰绿色石英细砂岩	0.55	大藤峡水电站
	紫红色细砂岩	1.39	大藤峡水电站
	灰绿色细砂岩	1.04	大藤峡水电站
	灰黑色细砂岩	0.93	大藤峡水电站
	紫红色泥质细砂岩	1.08	大藤峡水电站
	紫红色泥质粉砂岩	1.82	大藤峡水电站
	灰绿色泥质粉砂岩	1.19	大藤峡水电站
	灰黑色泥质粉砂岩	1.88	大藤峡水电站
	紫红色泥岩	0.71	大藤峡水电站
	灰黑色泥岩	1.24	大藤峡水电站
	砂岩，新鲜	0.35	龙滩水电站
	砂岩，弱风化	1.38	龙滩水电站
	砂岩，强风化	2.11	龙滩水电站
	泥板岩，新鲜	0.73	龙滩水电站
	泥板岩，微风化	1.44	龙滩水电站
	泥板岩，弱风化	1.47	龙滩水电站
	泥板岩，强风化	3.69	龙滩水电站
	灰岩，微风化	0.86	龙滩水电站
	层凝灰岩，新鲜	0.37	龙滩水电站
	泥板岩与砂岩互层，新鲜	0.73	龙滩水电站
	泥板岩夹层凝灰岩，新鲜	0.73	龙滩水电站
	粉砂岩	0.9	宝珠寺水电站
	粉砂岩	0.37	宝珠寺水电站
	粉砂岩	0.74	宝珠寺水电站
	粉砂岩	1.97	宝珠寺水电站
	页岩	3.09	宝珠寺水电站
	白云质灰岩，完好	1.39	鲁布革水电站
	白云质灰岩，层理明显	1.75	鲁布革水电站
	灰质白云岩，坚硬完整	1.4	鲁布革水电站
	灰质白云岩，节理发育	2.12	鲁布革水电站
	灰质白云岩，角砾状	1.71	鲁布革水电站
	白云岩，坚硬完整	2.43	鲁布革水电站

续表

岩石种类	岩 石 名 称	孔隙率/%	工程名称
变质岩	云母绿泥石片岩	2.93	葰窝水库
	石英变粒岩，微风化	1.93	葰窝水库
	石英变粒岩，弱风化	1.84	葰窝水库
	石英变粒岩，强风化	3.59	葰窝水库
	云母石英变粒岩，风化	2.55	葰窝水库
	混合岩，新鲜	2.92	白山水电站
	混合岩，新鲜	3.02	白山水电站
	混合岩，微风化	2.4	白山水电站
	混合岩，弱风化	2.33	白山水电站
	糜棱岩，微风化	6.7	三峡水利枢纽
	斜长片岩，微风化	0.27	李家峡水电站
	混合岩，微风化	0.51	李家峡水电站
	云母石英片岩，微风化	1.86	刘家峡水电站
	云母石英片岩，弱风化	2.92	刘家峡水电站
	角闪片岩，微风化	1.11	刘家峡水电站
	角闪片岩，弱风化	1.4	刘家峡水电站
	变质砂岩，微风化	1.62	龙羊峡水电站
	变质长英砂岩，微风化	0.3	拉西瓦水电站
	帘石化角岩及灰岩，微风化	0.57	拉西瓦水电站
	混合岩，微风化	0.88	拉西瓦水电站

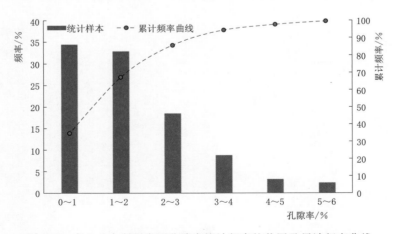

图 3.7　表 3.6 中所列岩石孔隙率统计频率柱状图及累计频率曲线

表 3.7　　　　　　　　　　　西域砾岩孔隙率统计表

序号	工　程　名　称	组数	孔隙率/%	范围值/%
1	莫莫克水利枢纽工程	11	5.58	4.48~10.04
			5.58	
			10.04	
			4.89	
			4.85	
			4.87	
			4.85	
			4.48	
			4.85	
			8.78	
			8.05	
			4.89	
2	奴尔水利枢纽工程	2	8.18	5.20~8.18
			5.20	
3	阳霞水库	2	13.90	13.9~22.7
			22.70	
4	二八台水库	8	12.59	9.96~15.44
			14.71	
			11.07	
			15.44	
			12.13	
			11.07	
			10.29	
			9.96	

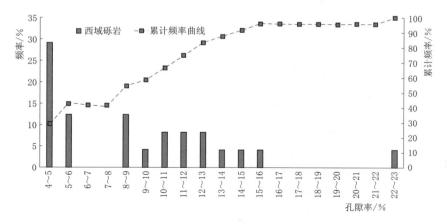

图 3.8　西域砾岩孔隙率统计频率柱状图及累计频率曲线

3.5　西域砾岩的抗压强度

3.5.1　西域砾岩钻孔取芯方法

在工程实践中，地质钻探是工程勘察最基本的手段，钻探的目的是获取地层芯样，钻孔取芯一般分为两种形式：一种是单管取芯，也叫单管单动；另一种是双管单动。双管单动又包含两种形式，分别是普通双管单动和双管单动半合管取芯，对于松散地层或易破碎地层，多采用双管单动半合管工艺。双管单动半合管取芯的工作原理：利用钻机传递动力使钻具回转，外管连接钻头的切削刃或研磨材料削磨岩石使之破碎。半合管由单动机构、外管、双管钻头、卡簧、卡座和半合管内管组成。其中，单动机构装有轴承，可以跟外管分开转动，一般情况下内管是不转动的，循环冲洗液从内外管之间流入钻头，从外管与孔壁之间返回地面，这样就可以减少冲洗液对岩芯的冲刷，提高采取率，内管保护了岩芯，提高了岩芯的完整性和保持岩芯原态化。

工程勘察中取芯钻探多采用双管单动钻孔取芯，取芯过程中为防止烧钻和埋钻，需采用给水或循环冲洗液进行钻进，工程勘察中的硬质岩钻进中常以清水作为循环冲洗液。而对于西域砾岩，其胶结物多为泥质或泥钙质混合物，胶结较差，在浸水条件下易软化、崩解，同时砾岩中砾石分布、大小各异易形成切磨扰动，取芯极难成功，芯样多呈散体状或团块夹散体性状，清水双管单动法往往无法完整获得砾岩芯样。工程中现多采用 SM 植物胶充当冲洗液，植物胶液体在循环过程中，靠其本身的黏性迅速吸附在已钻出的岩芯表面上，由于植物胶本身是由非离子聚合物组成，分子链长而且具有很大的柔软性，具有较高的吸附能力及弹性，避免了冲洗液对岩芯的直接冲刷，基本可保持岩芯的原状结构，不易遭到机械破坏；植物胶还具有良好的护壁效果，可确保孔壁完整（图 3.9）。

同时，为确保取芯质量，钻进参数应遵循"低压力、中转速、小泵量"的原则，以达到平稳的钻进速度为宗旨。这主要是考虑压力过大容易产生岩芯堵塞现象，转速过高容易造成孔壁垮塌，泵量过大易冲毁岩芯，最终导致钻进困难，降低取芯质量。在工程勘察初期应根据西域砾岩的特性，不断地调试浆液、压力、转速和泵量，通过不断的调试试验确定合适的钻进参数，以保证获得理想的岩芯获得率。

图 3.9　植物胶西域砾岩芯样

3.5.2　单轴抗压强度特性

表 3.8 为不同类型西域砾岩单轴抗压强度试验成果，可以看出，泥质胶结西域砾岩

单轴抗压强度普遍低于泥钙质胶结和钙质胶结西域砾岩的数值。

表 3.8 不同类型西域砾岩单轴抗压强度试验成果

工程名称	抗压强度/MPa		软化系数	备 注
	烘干	饱和		
阳霞水库	$\dfrac{2.0\sim2.95}{2.4}7$	$\dfrac{0.5\sim1.18}{0.7}7$	$\dfrac{0.2\sim0.45}{0.3}7$	泥质胶结
五一水库	$\dfrac{3.5\sim5.7}{4.9}6$	$\dfrac{0.7\sim3.0}{1.8}6$	$\dfrac{0.2\sim0.56}{0.36}6$	泥质胶结
二八台水库	$\dfrac{3.9\sim12.5}{6.4}7$	$\dfrac{1.8\sim5.0}{3.1}8$	$\dfrac{0.33\sim0.39}{0.36}8$	泥质胶结为主
沙尔托海水利枢纽		$\dfrac{8.27\sim15.7}{12}2$		泥钙质胶结
台斯水库	$\dfrac{12.8\sim20.7}{15.8}6$	$\dfrac{9.42\sim14.9}{12.5}6$	$\dfrac{0.63\sim0.81}{0.75}6$	泥钙质胶结
莫莫克水利枢纽	$\dfrac{17.7\sim42.8}{32.1}14$	$\dfrac{6.5\sim20.3}{11.5}14$	$\dfrac{0.22\sim0.5}{0.37}14$	泥钙质胶结
	$\dfrac{10.8\sim19.5}{14.9}4$	$\dfrac{1.81\sim4.4}{3.2}4$	$\dfrac{0.13\sim0.28}{0.21}4$	泥质胶结为主
XSX 水电站	$\dfrac{32.5\sim50.2}{40}4$	$\dfrac{2.57\sim12.5}{8.96}10$	$\dfrac{0.33\sim0.35}{0.35}4$	泥钙质胶结
	$\dfrac{48.5\sim58.9}{52.3}4$	$\dfrac{17.6\sim28.1}{22.9}4$	$\dfrac{0.33\sim0.54}{0.44}4$	钙质胶结为主
苏巴什水库	$\dfrac{39.9\sim79.6}{56.4}8$	$\dfrac{29.4\sim46.7}{37.8}8$	$\dfrac{0.56\sim0.88}{0.67}8$	钙质胶结

注 表中 $\dfrac{48.5\sim58.9}{52.3}4$ 表示 $\dfrac{最小值\sim最大值}{平均值}$ 组数。

从表 3.8 中列出的各工程西域砾岩的抗压强度可以看出,除苏巴什水库钙质胶结砾岩的饱和抗压强度较高,为 29.4~46.7MPa 外,其余砾岩的饱和抗压强度的变化范围为 0.5~20MPa,且同一工程不同部位西域砾岩的抗压强度也存在很大的差异,离散性很大。但从试验成果来看,泥质胶结砾岩的抗压强度为 0.5~5.0MPa,泥钙质胶结砾岩的抗压强度一般为 5.0~20.0MPa,纯钙质胶结砾岩的饱和抗压强度为 29.4~46.7MPa,钙质胶结物含量越高抗压强度越高,说明胶结物的成分对西域砾岩抗压强度的影响权重最大,抗压强度的大小主要取决于胶结物成分。

3.6 西域砾岩抗剪强度特性

3.6.1 室内中型剪切取样及试验方法

1. 试样制备

因现场人工采取的西域砾岩试样胶结性差、易碎散,且试样多不规则,无法实现标准剪切,需要进行制模处理。试样模采用水泥砂浆,按水泥与砂配合比 1:1 制取,水泥砂浆起到支撑、成型作用。模具采用木板制成,制模前首先拆除原状试样包装袋,根据试样信息进行编号,拆除过程中可用铁丝捆绑处理,以防试样中途碎散;将木制模具内侧涂抹一层油以便于试样养护后脱模，试样底部放置碎石将岩石试样架空至一定高度，使其位于模具中央位置，然后浇筑水泥砂浆至 13cm 高度处，中间铺设约 2cm 厚黏土作为夹泥层，将上下水泥砂浆隔离，以使试样中部剪切面出露；继续浇筑水泥砂浆至模具顶部，浇筑过程中注意振捣密实，用平铲将砂浆磨平，以保证加载面水平，避免加载过程中顶部应力集中造成水泥碎裂。制模后的标准试样尺寸为 30cm×30cm×30cm，经 2 周时间养护完成，同组试样在同一龄期进行试验。根据试验需要（试样状态、施工条件等），确定试样状态（天然含水率状态或饱和状态），饱和试样可采取长时间浸泡（1 周）处理。西域砾岩直剪试样制样模具及成型照片如图 3.10 所示。

图 3.10　西域砾岩直剪试样制样模具及成型照片

2. 试样安装及剪切

（1）试样安装：采用铁丝捆绑试样，并放入剪切盒，试件与剪切盒内壁无间隙，试样的受剪方向应与构造物受力方向大致相同，试样顶面依次放置棉布、承压板、滚珠圆盘，可采用钢板调整顶部高度使其接近法向承载装置，使试样顶部承受均匀竖直荷载。安装完毕后，剪断剪切面外围铁丝，以防其对剪切过程产生影响，同时用细绳围拢剪切面，测取周长，并将其近似为正方形，粗略估计剪切面面积，测量完成后将剪切盒推入法向加载装置以上，完成试样安装工作。

（2）施加法向荷载：在每个试样上分别施加不同的法向载荷，所施加的最大法向荷载宜为工程荷载的 1.2 倍左右。试验法向荷载加载速度为 0.05MPa/s，根据试样所处地质环境，试验荷载最小值取为 0.5MPa，以梯度 0.5MPa 递增；每个试样的法向荷载分级施加，试探适用于西域砾岩的试验力上限，以免法向荷载过大以致试样压缩破坏。试验时，首先将试验软件与仪器轴向控制器进行连接，进而设置试样尺寸、编号以及施加荷载等，然后开启轴向泵施加荷载。

（3）施加剪切荷载。待法向荷载施加完毕并稳定至预设值时，将试验软件与仪器剪切控制器进行连接，设置试样剪切面尺寸、加载方式等。剪切荷载采用下剪切盒固定、上剪切盒推动、位移控制的方式加载，即上剪切盒在外力作用下以 0.5mm/min 的恒定加载速率推动试样；根据经验，设置限制位移量为 20mm，当剪切位移达到 20mm 且剪切力仍未到峰值时，应及时调整限制位移值。在剪切过程中，保证法向荷载稳定，并且尽量保证法向荷载和剪切荷载通过预定剪切面几何中心。

3. 试验结束

试件剪断标准应至少符合下列规定之一：①剪切载荷加不上或无法稳定；②剪切位移明显变大，在剪应力 τ 与剪切位移 μ 关系曲线上明显出现突变段；③剪切位移增大，在剪应力 τ 与剪切位移 μ 曲线上未出现明显突变段，但总剪切位移已达到试件边长的 10%。当达到上述任何一个标准时，视为试样发生剪切破坏，停止绘制试验曲线并保存试验数据。观察剪切面砾石及胶结物破坏情况，擦痕分布、方向及长度，测定剪切面起伏差。

4. 试验数据处理

根据试验数据，绘制各法向应力下剪应力与剪切位移的关系曲线，确定各试样剪切过程中的法向应力及最大剪应力（剪切过程应力应变曲线的峰值点对应剪应力），并根据库仑表达式进行拟合以确定抗剪强度参数。

3.6.2 五一水库西域砾岩中型剪切试验

3.6.2.1 试验成果

图 3.11～图 3.13 为五一水库联合进水口、溢洪道左岸和溢洪道右岸三个地点共 15 个试样的室内中型剪切试验剪切面破坏形态，其中，图 3.11 和图 3.13 为天然状态的试样，图 3.12 为饱和试样。图 3.14～图 3.16 为对应的剪切位移-剪应力曲线。剔除由于剪切面上巨砾导致峰值强度过高的试验点，得到五一水库室内中型剪切试验结果见表 3.9。

表 3.9
五一水库室内中型剪切试验结果

试验位置		试验数值/MPa					抗剪强度指标	
		一级荷载	二级荷载	三级荷载	四级荷载	五级荷载	c/MPa	φ/(°)
联合进水口（天然）	法向应力	0.409	1.286	1.713	2.034	—	0.67	47.2
	抗剪强度	0.840	2.750	2.250	2.700	—		
溢洪道左岸（饱和）	法向应力	0.582	0.976	1.477	2.096	2.708	0.54	37.81
	抗剪强度	0.886	1.300	2.000	1.880	2.710		
溢洪道右岸（天然）	法向应力	0.553	0.902	1.495	2.503	2.873	0.56	39.00
	抗剪强度	0.993	1.648	1.360	2.330	3.220		

注　c 为黏聚力；φ 为内摩擦角。

3.6.2.2 剪切面破坏性态

根据五一水库联合进水口、溢洪道左岸、溢洪道右岸三个地点共 15 个试样的室内中型剪切试验结果，对每个试样的剪切面破坏性态进行如下分析。

1. 联合进水口组

（1）L1 试样：剪切面凹凸不平，呈散粒状破碎；剪切面出露少量粗砾，粒径为 3～8cm；少量块石剥离、脱落，基本无块石破裂，起伏差 2.0cm 左右 [图 3.11 （a）和图 3.14]。

（2）L2 试样：因中部含有粒径为 25cm 左右的巨大块石，破坏情况为块石沿局部脆弱部位断裂、沿楔形破裂坡面发生相对滑动。剪切位移-剪应力曲线呈现出包含结构面岩体破坏特征，起初随剪切变形积累，块石周边胶结物发生较大范围破坏，产生第一次明显的应力降现象；伴随巨粒径块石裂隙发展，曲线迅速爬升，直到巨粒径块石裂隙贯通；曲线经短暂平台整理，随块石开始沿楔形剪切面相对滑动，逐步升至最高点，然后缓慢回落 [图 3.11 （b）和图 3.14]。

（3）L3 试样：剪切面粗糙不平，试样局部有纵向可视裂缝，剪切面附近出露粗砾粒径范围为 2～5cm，少量发生剥落，砾石分布密实。从剪切位移-剪应力曲线来看，弹性段过渡至屈服段有一显著拐点，反映其内部微裂缝发展、屈服速度较快的特性 [图 3.11 （c）和图 3.14]。

(a) 法向荷载0.409MPa　　　　　　　　　　　(b) 法向荷载1.286MPa

(c) 法向荷载1.713MPa　　　　　　　　　　　(d) 法向荷载2.034MPa

(e) 法向荷载2.665MPa

图 3.11　五一水库联合进水口试样破坏形态

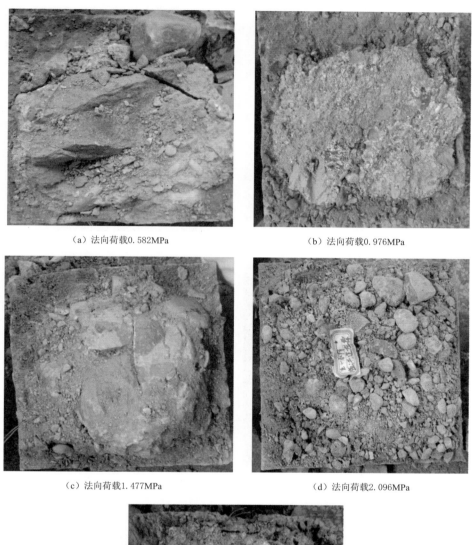

（a）法向荷载0.582MPa　　　　　　　　　　（b）法向荷载0.976MPa

（c）法向荷载1.477MPa　　　　　　　　　　（d）法向荷载2.096MPa

（e）法向荷载2.708MPa

图 3.12　五一水库溢洪道左岸试样破坏形态

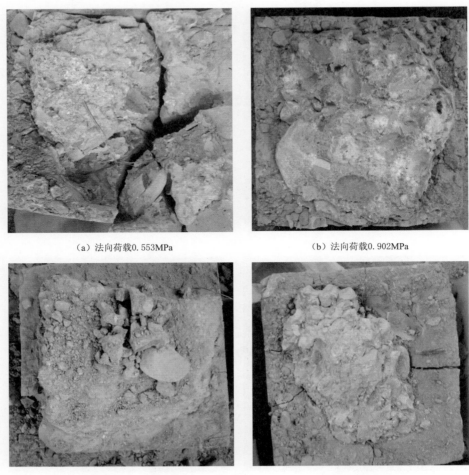

（a）法向荷载0.553MPa　　　　　　　　　（b）法向荷载0.902MPa

（c）法向荷载1.495MPa　　　　　　　　　（d）法向荷载2.503MPa

（e）法向荷载2.873MPa

图 3.13　五一水库溢洪道右岸试样破坏形态

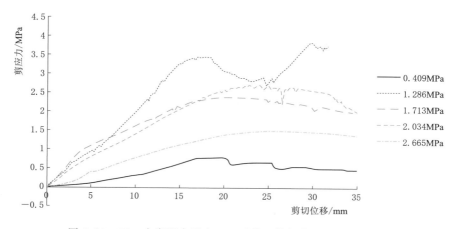

图 3.14 五一水库联合进水口（天然）剪切位移-剪应力曲线

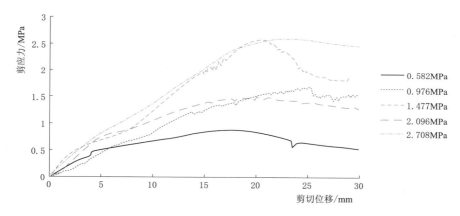

图 3.15 五一水库溢洪道左岸（饱和）剪切位移-剪应力曲线

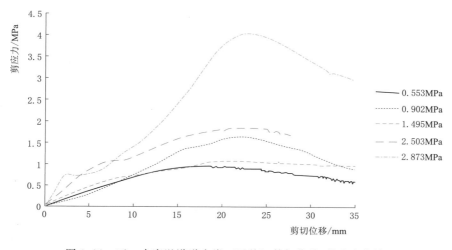

图 3.16 五一水库溢洪道右岸（天然）剪切位移-剪应力曲线

（4）L4 试样：剪切面较不平整，分布有较多细砾，周边夹杂少量粗砾，砾石位置杂乱。可见在剪切过程中，较多砾石自胶结物包裹中脱落，继而滑行、滚动，砾石分布较密实；剪切位移-剪应力曲线中出现一次应力跳跃，可能由剪切面上某较大粒径块石位置突变，孔隙分布发生变化，或者脆性砾石瞬间被剪断等情况引起［图 3.11（d）和图 3.14］。

（5）L5 试样：由于试样头部较尖，形成"刺穿效应"，外围包裹的混凝土在施加第五级法向荷载（2.5MPa）时已严重破裂，法向荷载分布不均匀，可能导致试样局部发生破坏，对试验结果带来很大影响。试验后，试样碎散、不成形，剪切面形态、颗粒分布情况难以辨识。综上，本书舍弃该试样数据［图 3.11（e）和图 3.14］。

2. 溢洪道左岸组

（1）Y1 试样：剪切面凹凸不平，起伏差约为 5cm，粗细砾石夹杂分布，最大粒径 10cm，胶结物大都剥落，胶结强度较高；剪切位移-剪应力曲线可分为弹性区、塑性发展区两个阶段［图 3.12（a）和图 3.15］。

（2）Y2 试样：剪切面呈斜坡状，有少量块石破碎，胶结物碎散分布，起伏差约为 4.0cm；剪切面附近砾石分布较密集，粒径 4～6cm 居多，这些砾石阻碍剪切变形的发展，使得峰值强度显著提高［图 3.12（b）和图 3.15］。

（3）Y3 试样：剪切面破碎严重，凹凸不平，起伏差较大，约为 6cm；剪切面出露主要为 2～5cm 粗砾，粒径较小且分布较松散，导致峰值强度不高［图 3.12（c）和图 3.15］。

（4）Y4 试样：剪切面呈不规则斜向上凸起形状，可能与剪切面附近分布有粒径较大砾石有关，起伏差约为 4cm；胶结性能中等，局部强度较低；出露砾石粒径范围为 3～7cm，较多砾石发生破碎，峰值强度较低，可能与西域砾岩试样体型较小且不规整、所受剪切力不均匀、试样内局部弱化产生的影响较大有关［图 3.12（d）和图 3.15］。

（5）Y5 试样：剪切面较规整，基本无砾岩剥落，平整度略好，以小角度倾斜向上，起伏差为 3cm；其中砾石均匀分布，粒径集中在 2～4cm。峰值强度较高，可能与良好的胶结性能和适合的含石量有关，砾石均匀"镶嵌"在剪切面附近，形成骨架效应，胶结物密实填充，提升了整体性能［图 3.12（e）和图 3.15］。

3. 溢洪道右岸组

（1）Z1 试样：形状规整，剪切面略微凹凸，起伏差约为 5cm；下部试样出露砾石粒径多为 2～3cm，均匀分布于剪切面附近，其多数与上部试样胶结物脱离，但仍镶嵌于下部试样中［图 3.13（a）和图 3.16］。

（2）Z2 试样：中部含有巨粒径（约 30cm）砾石，周边分布有粒径为 2～4cm 的粗砾。整体来看，剪切面沿剪切方向倾斜向上，主要由强度较高的巨粒径砾石控制，起伏差高达 6.5cm；从剪切位移-剪应力曲线来看，由于巨粒径砾石周边的粗砾脱落现象明显，可能在剪切变形积累过程中产生了一次较大范围的粗砾集中剥离、滑行、滚动，引起了第一次显著的应力降。其后，巨砾沿软弱面破裂，随初始裂纹生长、贯通，曲线发生二次爬升，此时试样已发生显著破坏［图 3.13（b）和图 3.16］。

（3）Z3 试样：中部含有巨粒径（约 20cm）砾石，周边较密实分布有粒径为 3～8cm 的粗砾。从剪切面破坏形态来看，因中部巨砾强度较高，并没有发生整体性破裂，只是沿剪切方向局部范围开裂、错动。巨砾周边并无大面积粗砾剥落现象，因而剪切位移-剪应力曲线并无显著应力产生。[图 3.13 （c）和图 3.16]。

（4）Z4 试样：剪切面粗糙，大量粒径为 2～3cm 的粗砾出露，零散分布，且个别发生断裂。起伏差约为 4cm，胶结类型以泥质胶结为主，受其控制，剪切峰值强度较低，且一旦发生屈服后，由于泥质胶结物本身强度不高，峰值强度降低不显著；随剪切位移的增加，强度趋于稳定值 [图 3.13 （d）和图 3.16]。

（5）Z5 试样：与 Z4 试样剪切面形态类似，即剪切面凹凸不平，表面砾石剥落；不同的是，其试样体型较大且完整，胶结物强度较高，剪切面上出露粗砾粒径较大，粒径范围为 2.5～4cm，在一定程度上增加了对剪切强度的贡献 [图 3.13 （e）和图 3.16]。

3.6.3　奴尔水利枢纽西域砾岩中型剪切试验

奴尔水利枢纽西域砾岩多为泥钙质胶结，表 3.10 和表 3.11 为两组西域砾岩中型剪切试验成果，对应的剪切位移与剪应力关系曲线分别如图 3.17 和图 3.18。由图 3.19 所示的法向应力与抗剪强度的关系可知，这两组岩体内摩擦角为 47.25° 和 47.76°，黏聚力为 1.61MPa 和 5.08MPa。

表 3.10　　　　　奴尔水利枢纽西域砾岩中型剪切试验成果（第 1 组）

序号	法向应力/MPa	剪应力/MPa	有效剪切面积/mm²
1	1.25	3.72	17966.97
2	1.14	2.59	39472.93
3	1.97	3.11	34248.00
4	4.43	6.54	20330.85

表 3.11　　　　　奴尔水利枢纽西域砾岩中型剪切试验成果（第 2 组）

序号	法向应力/MPa	剪应力/MPa	有效剪切面积/mm²
1	1.10	6.30	41566.71
2	2.45	7.77	36936.89
3	3.96	9.45	45630.13

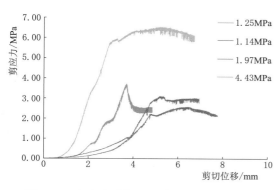

图 3.17　奴尔水利枢纽西域砾岩剪切位移与
剪应力的关系曲线（第 1 组）

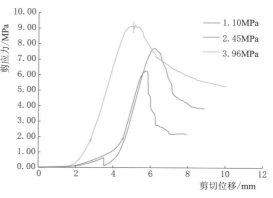

图 3.18　奴尔水利枢纽西域砾岩剪切位移与
剪应力的关系曲线（第 2 组）

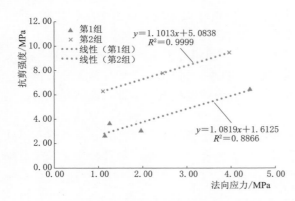

图 3.19 奴尔水利枢纽西域砾岩法向应力
与抗剪强度的线性关系

典型的西域砾岩剪切破坏后的剪切面照片如图 3.20 所示。

3.6.4 原位抗剪（断）试验

3.6.4.1 XSX 水电站原位抗剪（断）试验

XSX 水电站可行性研究阶段共在 2 个平硐内不同深度处进行了 6 组混凝土/岩与岩/岩剪切试验。在 PD5 平硐内布置 2 组混凝土/岩抗剪（断）试验，从试验剪切面上看，试墩一部分沿混凝土面剪断，一部分试墩沿岩体剪断，剪切面粗糙，凹凸不平，有一定的起伏差。在 PD2 平硐内布置两组岩/岩抗剪（断）试验，从试验剪切面上看，试样大部分沿岩体破坏，擦痕明显，剪切面粗糙，凹凸不平，呈锯齿形，起伏差不大。

（a）第1组试验   （b）第2组试验

图 3.20 典型的西域砾岩剪切破坏后的剪切面照片

原位抗剪（断）强度试验试样边长均大于 50cm，试体高度大于 30cm。最大试验压应力取用工程设计压力 1.3MPa，按 5 级等分施压。试验数据处理采用图解法和最小二乘法分别确定各组试验的抗剪强度指标。采用图解法近似得出各组试验对应的比例极限、屈服强度（表 3.12）。

整体来看，φ 值波动性较小，而 c 值整体上呈现较大离散性。此外，弱风化下部岩体的 φ 值稍高于弱风化上部岩体，对于风化程度相同的岩体来说，岩/岩抗剪断的 φ 值与混凝土/岩相差不大，但 c 值普遍比混凝土/岩的要小得多，间接反映出泥钙质胶结的西域砾岩胶结强度不高的特性。同时可以看出采用最小二乘法获得的抗剪强度参数 φ 值普遍高于图解法获得的结果，而 c 值普遍小于图解法获得的参数值。

3.6.4.2 莫莫克水利枢纽原位抗剪（断）试验

为研究西域砾岩的强度特性，2009 年在莫莫克水利枢纽 PD1 和 PD2 两个平硐内，现

表 3.12　　　　　　　　XSX 水电站砾岩原位抗剪（断）试验成果

试点位置	岩体性质	试验类型	抗剪（断）强度							
			图解法						最小二乘法	
			比例极限		屈服强度		峰值强度		峰值强度	
			$\varphi/(°)$	c/MPa	$\varphi/(°)$	c/MPa	$\varphi/(°)$	c/MPa	$\varphi/(°)$	c/MPa
PD2 (6～10.5m)	弱风化上部	岩/岩抗剪断	17.0	0.02	37.0	0.06	43.0	0.08	44.1	0.05
		岩/岩抗剪	—	—	—	—	41.0	0.28	42.9	0.16
PD5 (6～11m)	弱风化上部	混凝土/岩抗剪断	24.0	0.02	37.0	0.22	42.0	0.24	42.7	0.26
		混凝土/岩抗剪	—	—	—	—	40.0	0.44	38.0	0.46
PD5 (16～20m)	弱风化下部	混凝土/岩抗剪断	25.0	0.02	42.0	0.14	45.0	0.18	46.7	0.12
		混凝土/岩抗剪	—	—	—	—	43.0	0.34	44.5	0.27

注　c 为黏聚力；φ 为内摩擦角。

场开展 1 组天然状态原位直剪试验和 2 组饱水状态的原位直剪试验，试验采用平推法。莫莫克水利枢纽砾岩原位剪切试验成果见表 3.13。

表 3.13　　　　　　　莫莫克水利枢纽砾岩原位剪切试验成果

试点编号	试点位置	饱和抗剪断强度		饱和抗剪强度		备注
		c/MPa	$\varphi/(°)$	c/MPa	$\varphi/(°)$	
PD2（饱和状态）	硐深 11～18m	0.9	46.9	0.8	41.6	钙质胶结为主
PD1（饱和状态）	硐深 14～22m	0.4	36.9	0.35	35.5	泥质胶结为主
PD1（天然状态）	硐深 8～13m	1.0	41.7	0.9	36.3	

从表 3.13 中的试验结果来看，3 组试验剪切位移-剪应力曲线可分为弹性阶段、塑性发展阶段及破坏阶段三个阶段，但两个平硐试验的饱和抗剪断和抗剪强度均相差较大，PD2 平硐的强度参数远大于 PD1 平硐。

从试样剪切面的形态分析，PD2 平硐处试样剪切面相对平整，剪切面出露少量粗砾，砾石粒径一般为 1～5cm，最大粒径约 10cm，少量块石剥离、脱落，基本无块石破裂，起伏差为 1～2cm，胶结物以钙质为主，泥质含量较少 [图 3.21 (a)]；PD1 平硐剪切面凹凸不平，粗细砾石夹杂分布，砾石粒径一般为 2～6cm，最大粒径可达 15cm，少量块石剥离、脱落，基本无块石破裂，起伏差约为 1～3cm，胶结物为钙质、泥质，泥质含量较高 [图 3.21 (b)]。因此，从试样剪切面形态来看，虽然 PD1 平硐试验样品的砾石粒径较 PD2 平硐要大，对抗剪强度有一定的影响，但影响抗剪强度的主要因素仍然是胶结物成分。

3.6.4.3　苏巴什水库原位抗剪（断）试验

初设阶段在坝址河床 TC1、TC2 探槽内，对砾岩共进行了 2 组原位混凝土/岩体抗剪（断）强度试验。试验方法采用平推法，推力方向平行于河流，混凝土/岩体抗剪（断）试验采用的浇筑混凝土为二级配，混凝土二级配强度为 30MPa，饱水均在 20d 以上，剪切面积为 2500cm²，每组有 5 个试验墩，剪切面起伏差控制小于 2%。

从剪后翻转面看，试样沿基岩接触面破坏，剪后带起岩石约占剪切面积的 95%，剪后起伏差不大。试样沿混凝土面破坏，剪切面起伏差不大。图解法计算的抗剪断强度 $\varphi=$

(a) PD2平硐洞深18m　　　　　　　　　　(b) PD1平硐洞深16m

图 3.21　莫莫克水利枢纽原位抗剪试验试样剪切面形态典型照片

$45.0° \sim 46.0°$，$c = 0.66 \sim 0.70$MPa；最小二乘法：$\varphi = 44.6° \sim 46.7°$，$c = 0.59 \sim 0.68$MPa。抗剪强度图解法：$\varphi = 42.5° \sim 43.5°$，$c = 0.53 \sim 0.66$MPa；最小二乘法：$\varphi = 42.4°$，$c = 0.55 \sim 0.67$MPa。苏巴什水库砾岩原位抗剪（断）试验成果见表 3.14。

表 3.14　　　　　　　　　　苏巴什水库砾岩原位抗剪（断）试验成果

岩性	试点编号	风化程度	试验类型	抗剪（断）强度							
				图解法						最小二乘法	
				比例极限		屈服强度		峰值强度		峰值强度	
				φ /(°)	c /MPa	φ /(°)	c /MPa	φ /(°)	c /MPa	φ /(°)	c /MPa
砾岩	TC1	弱风化层	混凝土/岩体抗剪断	39.0	0.57	42.0	0.65	46.0	0.70	46.7	0.68
			混凝土/岩体抗剪	—	—	—	—	42.5	0.66	42.4	0.67
	TC2		混凝土/岩体抗剪断	38.5	0.45	41.5	0.50	45.0	0.57	44.6	0.59
			混凝土/岩体抗剪	—	—	—	—	43.5	0.53	42.4	0.55

3.6.5　室内小型抗剪强度特性

1. 试验方法

西域砾岩试样在采取、运输和制备过程中应防止扰动和失水。

（1）直剪试样的制备。岩石直剪试样的直径或边长不宜小于 50mm，试样的高度宜大于直径或边长；结构面直剪试样的边长不宜小于 150mm，试样的高度宜与边长相等，含结构面试样的结构面应位于试样的中部；混凝土及岩石接触面试样宜为正方体，边长不宜小于 150mm，用钢模具或直接采用剪切盒制备，接触面应位于试样中部，起伏差宜为边长的 1%～2%。同一种含水状态的每组试样不应少于 5 个。

（2）直剪试样的平整度要求。试样的高度、直径或边长的允许偏差为 ±0.3mm；试样两端面的不平行度允许偏差为 ±0.05mm；端面应垂直于试样的轴线，允许偏差为 ±0.25°；方柱体或立方体试样相邻两面应互相垂直，允许偏差为 ±0.25°。另外，因砾岩加工过程中易缺角掉砾，为保证试样的平整度及完整性可用水泥砂浆适当修补。

（3）试样安装要求。将试样放置于直剪试验仪的剪切盒内，用填料将试样与剪切盒内壁的间隙填实，应使试样与剪切盒成为一整体。试样安装受剪方向宜与工程岩体受力方向一致，预定剪切面应位于剪切缝中部；法向荷载和剪切荷载的作用方向应通过预定剪切面的几何中心；预留剪切缝宽度应为试样剪切方向长度的5%，或为结构面充填物的厚度。

（4）法向荷载施加要求。法向荷载最大值宜为工程压力的1.2倍。对于结构面中含有软弱充填物的试样，最大法向荷载应以不挤出充填物为限。各试样施加的法向荷载宜按等差级数分别施加，分级数不应少于5级；对于不需要固结的试样，法向荷载可一次施加完毕，立即测读法向位移，5min后再测读一次，即可施加剪切荷载。试验过程中法向荷载应始终保持不变。

（5）剪切荷载施加。均匀施加剪切荷载直至试样破坏，记录峰值；剪切破坏后，先后将剪切荷载和法向荷载退至0。试样复位后，拆除破坏后的试样。

（6）剪切破坏后剪切面的描述。包括剪切面破坏情况，擦痕分布、方向和长度，剪切面起伏差及沿剪切方向变化曲线；当结构面内有充填物时，应描述剪切面的准确位置，充填物的组成成分、性质、厚度和含水状态。

（7）试验成果的整理。法向应力和剪应力应按式（3.1）和式（3.2）计算：

$$\sigma = \frac{P}{A} \qquad\qquad (3.1)$$

$$\tau = \frac{Q}{A} \qquad\qquad (3.2)$$

式中：σ 为法向应力，MPa；τ 为剪应力，MPa；P 为法向荷载，N；Q 为剪切荷载，N；A 为剪切面积，mm²。

采用最小二乘法或图解法拟合剪应力 τ 与法向应力 σ 的关系曲线，并确定相应的抗剪强度参数。

2. 试验成果

表 3.15 为按照上述试验方法得到的不同工程西域砾岩抗剪强度试验成果。

表 3.15 不同工程西域砾岩抗剪强度试验成果

工程名称	抗 剪 强 度				备 注
	烘 干		浸 水		
	c/MPa	φ/(°)	c/MPa	φ/(°)	
阳霞水库	$\dfrac{0.10\sim0.4}{0.21}6$	$\dfrac{39.5\sim42}{41}6$	$\dfrac{0.08\sim0.15}{0.12}6$	$\dfrac{36\sim38.5}{37.5}6$	
五一水库	$\dfrac{1.1\sim3.7}{2.4}6$	$\dfrac{37\sim40}{38.7}6$	$\dfrac{0.98\sim3.55}{1.84}6$	$\dfrac{32\sim36.5}{35.0}6$	微风化
二八台水库	$\dfrac{0.38\sim0.64}{0.46}8$	$\dfrac{37.5\sim40.5}{38.5}8$	$\dfrac{0.14\sim0.34}{0.23}8$	$\dfrac{35.5\sim37.5}{36.6}8$	
沙尔托海水利枢纽	0.6	43.5			
莫莫克水利枢纽	$\dfrac{1.5\sim8.1}{4.6}6$	$\dfrac{45\sim46.5}{46}6$	$\dfrac{0.5\sim4.0}{1.53}16$	$\dfrac{40\sim43.5}{41.5}16$	

续表

工程名称	抗 剪 强 度				备 注
	烘 干		浸 水		
	c/MPa	φ/(°)	c/MPa	φ/(°)	
XSX 水电站			$\dfrac{1.0\sim1.6}{1.1}6$	$\dfrac{36\sim38}{37}6$	泥钙质胶结
	2.5	44	$\dfrac{1.4\sim2.5}{1.7}4$	$\dfrac{38\sim41}{39}4$	钙泥质胶结
苏巴什水库	$\dfrac{1.6\sim2.8}{2.4}8$	$\dfrac{44.5\sim49.5}{46.5}8$	$\dfrac{0.4\sim2.0}{1.1}8$	$\dfrac{41\sim47.5}{42.8}8$	

注　表中 $\dfrac{48.5\sim58.9}{52.3}4$ 表示 $\dfrac{最小值\sim最大值}{平均值}$ 组数。

3.6.6　西域砾岩直剪试验曲线性态及影响因素

3.6.6.1　西域砾岩直剪试验曲线性态分析

仔细观察西域砾岩室内中型剪切试验中得到的剪切位移-剪应力曲线，发现曲线形态并非一致，由于西域砾岩胶结物性能、砾石含量及空间分布的不同而呈现出不同的曲线特征。

（1）曲线 1 型（图 3.22）。这一类型曲线主要表现为天然状态下西域砾岩在低法向应力下剪切位移-剪应力曲线较为完整，与常规岩土体的剪切位移-剪应力曲线有很大差别，依据试样内孔隙、裂隙变化发展情况，将其分为如下五个阶段：

1）压密阶段（OA 段）：西域砾岩中原生微裂隙被不断压密，密实度增大，形成非线性变形的阶段。该阶段较为明显，对应剪切破坏后的试样状态可以看出，该试样含石量较低，细粒含量较高（70%），主要为砂粒，可见细粒含量较高的情况下，岩体内部存在大量孔隙。

2）弹性变形阶段（AB 段）：该阶段近似为直线，斜率较压密阶段有增大，对应峰值点为弹性极限。该阶段与试样构成、试样均匀性、初始裂隙等因素有关。

3）微裂隙发展阶段（BC 段）：该阶段包括非线性弹性阶段和裂隙形成阶段两部分。弹性变形阶段（AB 段）结束后，试样内部经历短暂的非线性弹性变形调整，开始产生不可恢复变形，胶结物部分率先屈服，初始裂隙沿软弱胶结物扩展，在峰值前方形成一凹点，此时尚未形成贯通裂缝。

4）裂隙贯通阶段（CD 段）：伴随局部胶结物破裂，微裂隙快速发展并延伸成面，其后，裂隙面沿软弱部位不规则生长，逐渐形成贯通裂隙。此过程中，由于剪切面上下试样相互错动，原来镶嵌于剪切面部位的碎石，受到胶结物块体的摩擦作用，可能逐步剥离，并产生滚动的趋势。

5）破裂后阶段（DE 段）：岩体内部结构遭到破坏，主要为胶结物破碎，小粒径块石剥离，裂隙贯通发展，宏观形成可见坡型剪切带。依据破坏后试样断面来看，推断由于西域砾岩胶结物强度较高，且块石"镶嵌"其中，当剪切裂缝贯通成型后，在剪切面上形成凹凸不平的"锯齿带"，由此产生类似于包含结构面岩体的变形特性。随剪切变形增加，"锯齿带"被不断锉平而逐渐平滑，由于含石量低，试样在胶结物破坏后，块石难以搭接构成骨架，由此形成的结构损伤不可修复。峰值呈波浪形逐渐下降，伴随力学过程的完成，前期变形积累的能量不断释放。

曲线 1 型对应剪切面形态如图 3.23 所示。

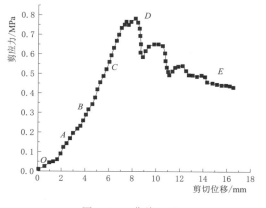

图 3.22　曲线 1 型

图 3.23　曲线 1 型对应剪切面形态

（2）曲线 2 型（图 3.24）。曲线 2 型因级配不均匀，且内部含有核心块石，压密现象不显著。由于含有巨粒径块石，在巨粒径块石与周围细粒土之间形成结构面效应。随剪切变形的积累，呈现显著的剪胀特性。因巨粒径块石（核心块石）位于剪切带上，造成剪切带发展的"绕石"效应，上部岩体受剪力作用，受到巨粒径块石的阻碍作用而被迫抬升，此阶段伴随有明显的剪胀现象；抬升过程中，因小粒径块石阻碍、较大范围局部黏结破坏以及巨粒径块石产生初始裂隙等原因而产生第一次显著的应力降。此后，应力在小范围波动，形成较稳定的滑移阶段，说明滑动面上碎石及胶结物正在被逐步"消化"；随着剪切变形的积累，巨粒径块石初始裂隙不断发展为贯通裂隙，剪应力以较快速度上升，并达到峰值。峰值后曲线因试样结构性已遭到不可逆破坏而呈快速下降趋势，伴随巨粒径块石滑动位移增加，剪切带坡度加大，造成剪切带上下试样相对滑动阻力增加，这一过程体现为剪切位移-剪应力尾部曲线由陡变缓，并趋于稳定值。

曲线 2 型对应剪切面形态如图 3.25 所示。

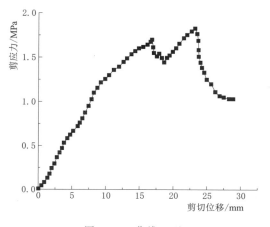

图 3.24　曲线 2 型

图 3.25　曲线 2 对应剪切面形态

（3）曲线 3 型（图 3.26）。曲线 3 型可分为两个主要阶段：

1）弹性阶段：级配均匀，岩体呈现均质体特性，呈现显著的线弹性变形，压密现象并不明显。

2）塑性发展阶段：剪切位移较小时，剪切位移-剪应力曲线近乎平滑直线，呈显著线性关系。随着胶结物破坏及块石剥离、破碎及翻滚等力学过程，剪切带初步形成并扩展，曲线上表现为剪切位移-剪应力曲线出现明显波动，且斜率缓慢降低，此阶段为塑性发展阶段。爬升至峰值后试样经历柔性破坏，曲线缓慢下降，调整至稳定值。可以看出，该类型曲线具有显著弹-塑性变形特征。同时可以发现，典型级配范围内的西域砾岩剪切位移-剪应力曲线以曲线 3 型为主。

曲线 3 型对应剪切面形态如图 3.27 所示。

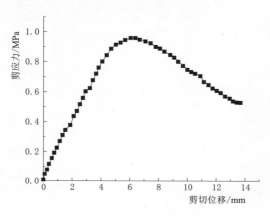

图 3.26　曲线 3 型

图 3.27　曲线 3 型对应剪切面形态

3.6.6.2　变形及强度影响因素分析

针对获得的试验结果及破坏后试样形态，影响西域砾岩变形及强度特性的因素如下：

（1）含石量影响。相同法向荷载作用，相同级配条件下的峰值剪应力值较低，细粒含量多，块石离散分布于岩体内，不相接触而无法形成类似骨架的结构效应，但整体而言，低法向荷载作用下，颗粒之间无明显的挤压效应，含石量影响并不显著。高法向荷载作用下，颗粒之间出现一定的挤压和剪胀效应，呈现含石量多峰值、剪应力值大的特点。

（2）浸水条件的影响。通过对比五一水库溢洪道左岸（饱和）、溢洪道右岸（天然）的抗剪强度指标，发现浸水饱和条件下试样黏聚力值下降程度并不显著，而内摩擦角并无显著差异，分析原因可能为试样采用浸泡饱和处理，且为不含腐蚀性离子的静水条件，与现场长期动水条件存在差别，因而水环境引起的胶结物成分流失乃至性能弱化并不明显，同时内摩擦角差异较小说明西域砾岩内部块石间咬合接触比较牢固，胶结物对其影响不明显。

（3）巨粒径块石影响。由于室内中型剪切试验试样尺寸较小，巨粒径块石对剪切试验中西域砾岩所表现出的变形破坏及强度特性的影响十分显著。由于巨粒径块石的存在，胶结物强度对整体强度贡献值将大幅度减小，剪切位移-剪应力曲线很大程度上依赖巨粒径块石的粒径、强度以及完整度。由联合进水口试验组抗剪强度参数可以看出：巨粒径块石能够显著提高试验内摩擦角值。为保证抗剪强度参数在工程应用中的可靠性，在试验数据处理时应进行一定程度的折减。

3.7 西域砾岩变形特性原位试验

为了进一步掌握西域砾岩岩体的力学性质，五一水库、XSX 水电站、莫莫克水利枢纽和苏巴什水库在勘察阶段进行了一系列的现场力学试验。

3.7.1 原位弹性模量和变形模量试验

据统计，五一水库初设阶段分别在 PD2 平硐和 PD3 平硐各进行了 1 组原位弹性模量和变形模量试验；XSX 水电站可研阶段在 PD5 平硐进行了 2 组原位弹性模量和变形模量试验；莫莫克水利枢纽可研阶段（2008 年）和初设阶段（2019 年）分别在 PD1 平硐和 PD2 平硐的不同深度共进行了 5 组原位弹性模量和变形模量试验；苏巴什水库在河床 TC1 探槽进行了 2 组原位弹性模量和变形模量试验，试验成果见表 3.16。莫莫克水利枢纽坝址区平硐原位试验综合成果如图 3.28 所示。

表 3.16　　各工程西域砾岩原位弹性模量和变形模量试验成果统计表

工程名称	试点位置		变形模量/GPa	弹性模量/GPa	风化程度	备　注
五一水库	PD2	硐深 25m	0.133	0.59	微风化	泥质胶结，最大粒径为 6cm
	PD3	硐深 32m	0.28	0.753	微风化	泥质胶结，最大粒径为 6cm
XSX 水电站	PD5	硐深 13m	0.71	2.38	弱风化	泥钙质胶结，泥质胶结为主，最大粒径为 6cm
	PD5	硐深 25m	1.71	3.66	微风化	泥钙质胶结，泥质胶结为主，最大粒径为 10cm
莫莫克水利枢纽	PD2	硐深 25m	4.22	9.6	微风化	泥钙质胶结，钙质胶结为主，最大粒径为 15cm
		硐深 6m	1.92	3.48	弱风化	泥钙质胶结，钙质胶结为主，最大粒径为 6cm
	PD1	硐深 20m	0.715	1.72	微风化	泥钙质胶结，泥质胶结为主，最大粒径为 8cm
		硐深 21m	1.92	2.34	微风化	泥钙质胶结，泥质胶结为主，最大粒径为 12cm
		硐深 7m	0.6	1.59	弱风化	泥钙质胶结，泥质胶结为主，最大粒径为 8cm
苏巴什水库	TC1	深度 3m	0.46	3.49	弱风化	钙质胶结
		深度 5m	0.56	3.64	弱风化	钙质胶结

试验方法均采用刚性承压板法。清除试验部位松动层，手工凿制直径 60cm 的圆形平面作为试验面，试验面周围 1m 范围亦大体凿制平整，清洗试验面及其边界岩体，刚性承压板直径 50.5cm、面积 2000cm²。试验点均饱水 7d 以上，分 5 级采用逐级一次循环法加压，荷载方向铅直，采用对称布置在承压板上的 4 只百分表测量岩体变形。

从表 3.16 可以看出，五一水库泥质胶结砾岩变形模量为 0.133～0.28GPa，弹性模量为 0.59～0.753GPa；莫莫克水利枢纽和 XSX 水电站弱风化泥钙质胶结砾岩变形模量为 0.6～1.92GPa，弹性模量为 1.59～3.48GPa，微风化泥钙质胶结砾岩变形模量为 0.715～

4.22GPa，弹性模量为 1.72～9.6GPa；苏巴什水库弱风化钙质胶结西域砾岩变形模量为 0.46～0.56GPa，弹性模量为 3.49～3.64GPa。总体来看，西域砾岩的变形模量和弹性模量随着胶结物钙质含量的增多明显提高，微风化岩体要高于弱风化岩体。但是单从莫莫克水利枢纽 5 组试验情况来看，西域砾岩变形特性、弹性模量试验值离散性较大，变形模量最小值为 0.6GPa，最大值为 4.22GPa，且 PD1 平硐 20m 处和 21m 处两种同为以泥质胶结为主的砾岩，由于承压面砾石粒径的差异，变形和弹性模量相差很大；PD2 平硐 25m 处以钙质胶结为主的砾岩，由于承压面砾石最大粒径达到了 15cm，其变形模量达到 4.22GPa，远超出了其他试点的试验值，说明承压面砾岩砾石粒径的大小对试验结果影响较大，这可能是砾岩砾石粒径太大、承压板太小产生的尺寸效应。

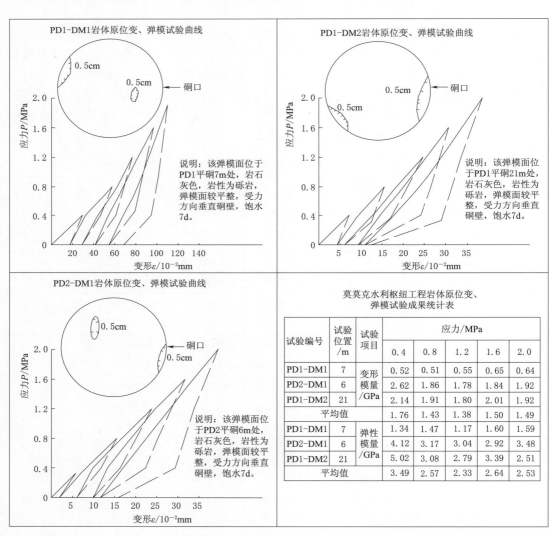

图 3.28　莫莫克水利枢纽坝址区平硐原位试验综合成果图

3.7.2　XSX 水电站原位载荷试验

XSX 水电站可行性研究阶段在坝轴线上的 PD2 平硐 16m 处做了一组饱水原位荷载试验，采用硐顶作为反力装置，承压板为圆形，其面积 $A = 2000\mathrm{cm}^2$。对原始数据整理后绘制荷载 P 与沉降值 S 的关系曲线（图 3.29）。P-S 曲线有明显的起始直线（岩层处于弹性变形阶段）和中间曲线段（岩层出现塑性变形），没有破坏段。以临塑荷载值 P_0 作为地基允许承载力，试验点的地基容许承载力 f_k 为 1200kPa。

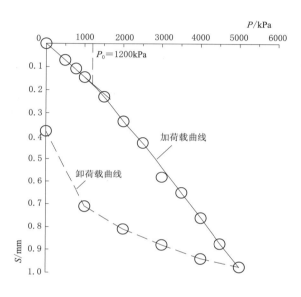

图 3.29　XSX 水电站岩体原位载
荷试验 P-S 曲线图

3.8　不同胶结构西域砾岩抗剪强度和单轴抗压强度建议值

西域砾岩作为一种山麓磨拉石建造形成的粗粒碎屑沉积岩，根据沉积结构分析是山前洪积物、泥石流及冰水洪积相沉积物，甚至有人认为其中可能含冰碛物，各种沉积物的交错沉积，造就了其粒径不同的粗碎屑的互层组合，细粒相多以透镜状产出，呈洪积的多元结构，故而西域砾岩砾石分选性差，颗粒大小极不均匀，砾石成分复杂多变，结构组成地域差异大。西域砾岩的砾石含量一般超过 65%，砾石间的孔隙多由砂粒、基质和胶结物充填，根据充填的密实程度不同，西域砾岩的胶结类型主要分为孔隙式胶结和接触式胶结，同一地区的砾岩中两种胶结类型也常同时存在。西域砾岩的胶结物主要为钙质和泥质，胶结物中钙质的含量可能与砾石和沉积环境中碳酸岩的存在有关，如苏巴什水库所处的河段和上游盆地周边分布大面积的灰岩地层，且砾岩中砾石的成分主要为灰岩，其胶结物为钙质。同时，由于西域砾岩形成年代只有数百万年，是地质年代上最新的陆源沉积岩石，固结成岩时间相对较短，其胶结程度本身相对较差。因此，西域砾岩的颗粒分选性差、胶结类型和胶结物成分复杂、胶结程度相对较差等原因导致了西域砾岩的强度较低和离散性。

但从前文的试验成果来看，泥质胶结砾岩的单轴抗压强度为 0.5～5.0MPa，泥钙质胶结砾岩的抗压强度一般为 5.0～20.0MPa，纯钙质胶结砾岩的饱和抗压强度为 29.4～46.7MPa，胶结物中钙质含量越高砾岩的抗压强度越大，说明抗压强度的大小主要取决于胶结物成分，而莫莫克水利枢纽原位抗剪试验的结果也表明钙泥质胶结砾岩的抗剪强度较以泥质胶结为主的砾岩大得多。因此，分析认为，虽然颗粒组成和胶结类型对西域砾岩的强度有一定的影响，但胶结物成分是影响西域砾岩强度的主要因素。根据以上试验成果，结合经验，并综合西域砾岩分类体系，得到不同胶结物西域砾岩抗剪强度和单轴抗压强度建议值见表 3.17，供类似工程参考。

表 3.17　　　　　　　不同胶结物西域砾岩抗剪强度和单轴抗压强度建议值

分类名称	饱和抗剪断		饱和抗剪		饱和抗压强度
	c/MPa	φ/(°)	c/MPa	φ/(°)	R_b/MPa
钙质胶结砾岩	0.5～0.7	43～45	0.3～0.5	37～39	30～45
泥钙质胶结砾岩	0.2～0.4	38～40	0.1～0.2	35～37	5～20
泥质胶结粗砾岩	0.06～0.12	36～38	0.03～0.06	34～36	1～5

第4章

西域砾岩渗透特性和灌浆特性

4.1 西域砾岩渗透试验

4.1.1 渗透试验设备

4.1.1.1 混凝土抗渗仪

混凝土抗渗仪主要用于测量混凝土抗渗性能（图 4.1）。对于抗渗比降较高且渗透量不大的西域砾岩，可以用作测试西域砾岩渗透性能的设备。

混凝土抗渗仪进行西域砾岩渗透试验的主要试验步骤如下：

（1）灌水。将注水嘴的螺帽拧下，将储水罐充满水，并要求试模底盘内也充满水（其作用是排除管路系统内的空气）。

（2）安装试模。把已密封封装试样的试模安装在仪器上。

（3）开始加压。首先打开"0"号阀门（即减压阀门），直到水流成线后，再打开 1~6 号阀门（装有试样的阀门），并将"0"号阀门关闭。

图 4.1 混凝土抗渗仪

（4）试验时，水压从水压下限值（0.1MPa）开始，以后每隔 8h 增加水压 0.1MPa，并随时注意观察试样上端面的渗水情况。

（5）试样开始时选择渗透压稳定的时间段使用量桶收集渗出水量。

（6）间隔 24h 泡水后，重复渗透试验 3 次，计算渗透系数。

由于传统混凝土抗渗仪控制精度为 0.1MPa，不适用于孔隙率较大和渗流量较大的渗透试验，需要研制符合西域砾岩孔隙率大这一特点的渗透性质测试设备。

4.1.1.2 西域砾岩专用渗透仪

常规岩石渗透试验的标准试样尺寸（直径 $D=50$mm，高度 $L=100$mm）已无法满足西域砾岩这种大粒径砾石胶结而成的高孔隙率岩石，大粒径、高孔隙率带来的影响是渗透试验过程中流量较大，现有渗透仪器无法满足保持渗透压稳定的前提下大流量的试验需求。

西域砾岩专用渗透仪（图 4.2）需要同时兼顾西域砾岩大粒径和孔隙率高的特点，主要包括岩石渗透仓、渗透压控制单元、渗透压供给单元和数据采集单元。

图 4.2　西域砾岩专用渗透仪

（1）岩石渗透仓：包含六种不同尺寸的岩芯套筒，可满足直径 5～25cm，厚度 5～20cm 范围内西域砾岩岩石试样的变尺寸渗透试验。

（2）渗透压控制单元：包含一套控制芯片及其相关内嵌程序，用来接收压力传感器信号精准控制渗透压供给单元中的滚轴丝杠副运动。

（3）渗透压供给单元：包含一套柱塞式压力泵及配套连接件，柱塞式压力泵中的滚轴丝杠副受到渗透压控制单元的控制来运动给压力仓提供渗透压力。

（4）数据采集单元：包含压力传感器、流量传感器、遇水报警器及计算机等部件，用以设定试验程序并实时采集试验过程中产生的压力、流量数据。

4.1.2　渗透试验方法

基于本书第 4.1.1 节中介绍的西域砾岩专用渗透仪，对含大粒径砾石、高孔隙率的西域砾岩进行常水头单向渗透试验的主要步骤如下：

（1）制备岩石试样。西域砾岩胶结程度不一，为减少取芯钻取方式对试样内部砾石的胶结程度的影响，推荐使用线切割或者水刀切割的方式对原始岩石进行加工，获得符合试验标准的圆柱形岩石试样。

（2）测量试样参数。记录西域砾岩岩石试样原始物理参数直径 D、高度 L。

（3）安装岩石试样并进行密封性检查。将岩石试样装入岩石渗透仓套筒内，并尽量保持试样上下表面水平，使用环氧树脂胶对试样与渗透仓之间的区域进行密封处理，避免渗透液从试样侧面溢出，影响试验结果。

（4）渗透压加载。采用逐级加压法对西域砾岩岩石试样逐级加压，加压频率为每小时增加 0.01MPa，直到试样渗透出水为止，此时置于试样上表面的遇水报警器向数据采集单元传递电信号，记录初次渗透压力。设置不同渗透压力进行渗透试验，即可获取不同渗透比降（渗透压力除以试样厚度）下西域砾岩渗透系数变化规律。

（5）采集试验数据，并进行后处理。试验过程中压力传感器与流量传感器实时记录渗透压力、渗透流量与渗透时间等数据。不同试验条件下岩石试样的渗透系数 k 的计算公式如下：

$$k = \frac{\rho g L V}{\Delta p A t} \times 10^{-5} \tag{4.1}$$

式中：k 为渗透系数，cm/s；ρ 为渗透液体密度，g/cm^3；g 为重力加速度，m/s^2；L 为试样高度，cm；t 为稳压渗流时间，s；V 为稳压渗流时间 t 内的渗透流量，cm^3；Δp 为渗透压力差，MPa；A 为渗透面积，cm^2。

4.2　典型西域砾岩渗透系数和渗透比降室内试验

4.2.1　奴尔水利枢纽泥钙质胶结西域砾岩

4.2.1.1　渗透系数

采用本书第 4.1 节介绍的"混凝土抗渗仪"，对奴尔水利枢纽泥钙质胶结西域砾岩试样进行了渗透系数测定。根据现场试样的形状尺寸，采取两种方式对用于渗透仪的试样进行加工。一是切割成模，即将试样切割成类圆柱体，直径约为 11.5cm，放入模具并封装；二是浇筑成模，即不切割试样，直接放入模具用水泥浇筑成型。

（1）切割成模。对于用切割方式加工成的直径约为 11.5cm 的类圆柱体，需要用环氧树脂将试样粘接在模具中，保证渗透试验过程中渗透水是从试样通过，而不是沿试样和圆柱形模具接触处通过（图 4.3）。

(a) 渗透仪

(b) 试样切割

(c) 切割好的试样

图 4.3　奴尔水利枢纽西域砾岩制备渗透系数试样

当在施加一定水头且试样顶面渗水稳定后，利用式（4.2）计算试样的渗透系数。奴尔水利枢纽切割成模渗透系数试验成果见表 4.1。

$$k = \frac{VL}{\Delta h A t} \tag{4.2}$$

式中：t 为渗流时间，s；A 为截面积，cm^2；Δh 为水头差，cm；V 为该渗流时间 t 内的渗透流量，cm^3；L 为试样高度，cm。

表 4.1　　　　　　　　　　奴尔水利枢纽切割成模渗透系数试验成果

序号	试块编号	试 块 描 述	渗透系数/(10^{-5}cm/s)
1	1-1	有 3 个小孔，小孔并未发现有渗水现象	5.62
2	1-2	没有明显小孔	3.87
3	1-3	没有明显小孔	2.56
4	1-4	有 4 个小孔，小孔并未发现有渗水现象	4.19
5	1-5	有 3 个小孔，小孔并未发现有渗水现象	7.53
6	1-6	有 3 个小孔，小孔并未发现有渗水现象	4.16

（2）浇筑成模。对于试样尺寸小于渗透仪模具直径时，可以把试样直接放入模具中并进行浇筑（图 4.4）。奴尔水利枢纽浇筑成模渗透系数试验成果见表 4.2。

图 4.4　将奴尔水利枢纽原状样浇筑模具中

4.2.1.2　渗透破坏比降

西域砾岩作为一种由不同粒径砾石通过不同性质的胶结物结合在一起的一种特殊岩石，具有孔隙率大的特点。另从图 4.5 所示的室内渗透试验中可以观察到，在一定的压力水头作用下，西域砾岩试样表面几个点先出现水珠，然后随着压力的增大，在同一位置持续突涌水，呈现较明显的孔隙型渗流特征。一般来讲，这一孔隙率大且具有孔隙性渗流特征的岩石，由于大部分都是粒径不一的砾石，具有一定的抗渗透破坏的能力。根据图 4.6 所示的渗透破坏比降理论曲线可知，可以通过对加工好的西域砾岩试样施加一定序列的压力，并绘制试验曲线，来获得渗透破坏比降点（图 4.6）。奴尔水利枢纽西域砾岩渗透破坏比降试验如图 4.7 所示。

表 4.2　　　　　　　　　　奴尔水利枢纽浇筑成模渗透系数试验成果

序号	试样编号	试 样 描 述	渗透系数/(10^{-5}cm/s)
1	2-1	没有明显小孔	3.42
2	2-2	没有明显小孔	4.05
3	2-3	有 4 个小孔，小孔并未发现有渗水现象	3.37
4	2-4	有 3 个小孔，小孔并未发现有渗水现象	9.31
5	2-5	有 3 个小孔，小孔并未发现有渗水现象	4.73
6	2-6	有 4 个小孔，小孔并未发现有渗水现象	3.82

图 4.5 水从试样中渗出

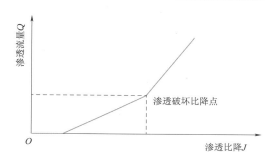

图 4.6 渗透破坏比降理论曲线

图 4.7 奴尔水利枢纽西域砾岩渗透破坏比降试验

水头压力对应渗透比降值见表 4.3。由表 4.3 可知，试验设定的水头压力值依次为 0.03MPa、0.07MPa、0.12MPa、0.17MPa 和 0.22MPa；试样高度分别为 4cm 和 10cm，其中 1~3 号试样高度为 4cm，4~5 号试样高度为 10cm。根据表 4.3 渗流比降和相应的渗水流量之间关系，发现二者大致存在线性关系（图 4.8）。由试验成果可知，当比降为 539.0 时，受试验设备限制渗出水量大于进水量，压力不再增长，因此认为西域砾岩试样的渗透破坏比降在 539.0 以上。

表 4.3 水头压力对应渗透比降值

序号	4cm 高度试样		10cm 高度试样	
	水头压力/MPa	渗透比降 J	水头压力/MPa	渗透比降 J
1	0.03	73.5	0.08	78.4
2	0.07	171.5	0.18	176.4
3	0.12	294.0	0.30	294.0
4	0.17	416.5	0.43	421.4
5	0.22	539.0	0.55	539.0

4.2.2 莫莫克水利枢纽泥钙质胶结西域砾岩

4.2.2.1 渗透系数

采用本书第 4.1 节介绍的"西域砾岩专用渗透仪"，对莫莫克水利枢纽泥钙质胶结西域砾岩试样进行了渗透系数测定。

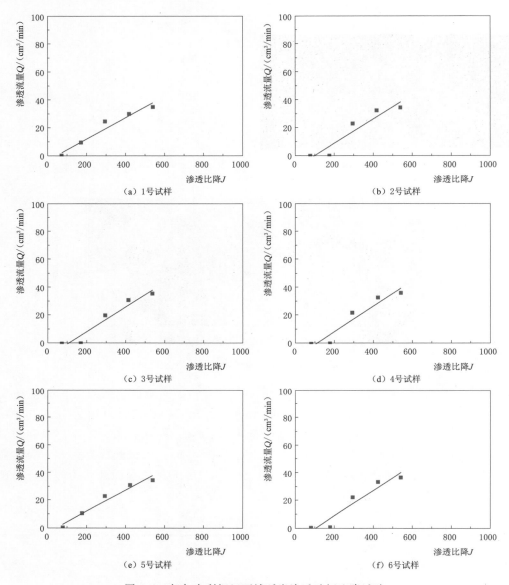

图 4.8　奴尔水利枢纽西域砾岩渗透破坏比降试验

（1）基本物理参数。根据现场试样的形状尺寸，采用金刚砂线切割的方式加工了三种不同尺寸规格的试样（表 4.4），测试完成试样的基本物理参数后，采用抽真空饱和法测量试样的有效孔隙率（图 4.9），西域砾岩有效孔隙率计算公式如下：

$$n = \frac{V_{孔}}{V_{岩}} \times 100\% = \frac{(m_3 - m_1)/\rho_w}{(m_3 - m_2)/\rho_w} \times 100\% = \frac{m_3 - m_1}{m_3 - m_2} \times 100\%$$

式中：n 为试样有效孔隙率，无量纲；$V_{孔}$、$V_{岩}$ 分别为岩芯中孔隙与岩芯所占的体积，cm^3；ρ_w 为水的密度，g/cm^3；m_1 为试样的干质量，g；m_2 为试样的浮称质量，g；m_3 为试样的饱和质量，g。

表 4.4 莫莫克水利枢纽试样基本参数

序号	试样编号	直径/mm	高度/mm	有效孔隙率/%
1	SE-02	100.01	100.06	3.25
2	SE-03	149.32	100.05	6.03
3	SE-06	150.05	49.12	8.33

（a）烘干箱　　　　　　　　　　　　（b）抽真空装置

图 4.9 抽真空饱和法测量西域砾岩有效孔隙率

（2）试样描述。采用金刚砂线切割的方式对不规则西域砾岩原岩进行加工，加工成型的圆柱形状试样及料渣如图 4.10～图 4.12 所示。从试样及其料渣的胶结物表观性质来看，三块试样胶结程度不一，虽然都属于泥钙质胶结类型，但胶结物成分有较大差别，主要区别在于胶结物中泥质成分与钙质成分的含量不同。莫莫克水利枢纽西域砾岩试样的表观性质描述见表 4.5。

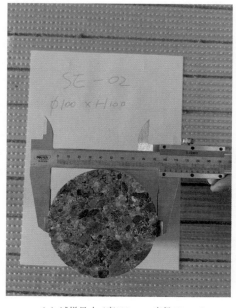

（a）试样尺寸（高100mm，直径100mm）　　　　（b）西域砾岩实际形态

图 4.10 试样 SE-02 基本形态

（a）试样尺寸（高100mm，直径150mm）　　　　　（b）西域砾岩实际形态

图 4.11　试样 SE-03 基本形态

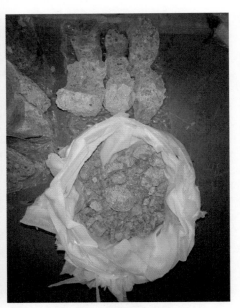

（a）试样尺寸（高50mm，直径150mm）　　　　　（b）西域砾岩实际形态

图 4.12　试样 SE-06 基本形态

（3）渗透系数。对上述三块莫莫克水利枢纽泥钙质胶结西域砾岩试样的试验渗透系数进行计算，由于三块试样胶结程度以及渗流孔隙发育程度不同，渗透系数量级也表现出不同的结果。

表 4.5　　　　　　莫莫克水利枢纽西域砾岩试样的表观性质描述

序号	试样编号	试样的表观性质描述
1	SE-02	试样外表面最大砾石直径约 40mm，表面无明显渗流孔洞，抽真空饱和浸水过程中无掉块现象； 干试样胶结物颜色呈青灰色，湿试样胶结物颜色呈青灰色略带土黄色； 料渣块状形态完整，该试样整体胶结程度好，胶结类型表现为泥钙质胶结，且钙质胶结成分偏高
2	SE-03	试样外表面最大砾石直径约 20mm，表面存在大量渗流孔洞，抽真空饱和浸水过程中无掉块现象； 干试样胶结物颜色为土黄色并夹杂青灰色，湿试样胶结物颜色呈土黄色； 料渣块状形态较为完整，存在少许碎屑，该试样整体胶结程度较好，胶结类型表现为泥钙质胶结，且泥质胶结成分偏高，发育有较多渗流孔洞
3	SE-06	试样外表面最大砾石直径约为 40mm，表面无明显渗流孔洞，抽真空饱和浸水过程中有掉块现象； 干试样胶结物颜色呈土黄色并夹杂少许青灰色，湿试样胶结物颜色呈土黄色； 料渣块状形态较差，存在大量碎屑，该试样整体胶结程度一般，胶结类型表现为泥钙质胶结，且泥质胶结成分较高，遇水浸泡易发生崩解

如图 4.13 所示，试样 SE-02 的渗透系数主要分布在 $10^{-6} \sim 10^{-5}$ cm/s 量级范围内，渗透开始时从砾石胶结的边缘处以及表面几个点先出现水珠，然后随着压力的增大，在同一位置持续突涌水，呈现较明显的孔隙型渗流特征。

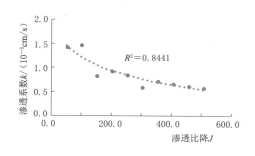

（a）渗透特征曲线　　　　　　　　　　（b）试样顶面的孔隙渗流特征

图 4.13　试样 SE-02 渗透系数分布及其拟合趋势

如图 4.14 所示，试样 SE-03 的渗透系数主要在 10^{-3} cm/s 量级范围内，这与试样存在大量自然孔隙通道相关，当渗透比降为 10 时，开始大量突涌水。渗透开始时从表面几个孔隙出口大量涌水，然后随着压力的增大，在同一位置持续大量突涌水，呈现较明显的孔隙型渗流特征。

如图 4.15 所示，试样 SE-06 的渗透系数主要分布在 $10^{-5} \sim 10^{-4}$ cm/s 量级范围内，渗透开始时从砾石胶结的边缘处以及表面几个点先出现水珠，然后随着压力的增大，在同一位置持续突涌水，且涌水呈现明显土黄色，大量泥浆被冲出，呈现较明显的孔隙型渗流特征。

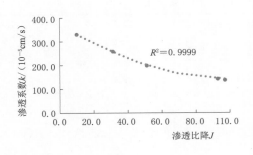
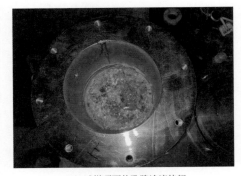

（a）渗透特征曲线　　　　　　　　　　　　（b）试样顶面的孔隙渗流特征

图 4.14　试样 SE-03 渗透系数分布及其拟合趋势

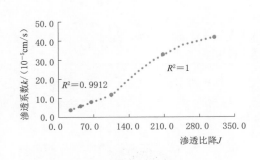

（a）渗透特征曲线　　　　　　　　　　　　（b）试样顶面的孔隙渗流特征

图 4.15　试样 SE-06 渗透系数分布及其拟合趋势

4.2.2.2　渗透破坏比降

　　试样 SE-02、SE-03、SE-06 渗透破坏比降及其拟合趋势如图 4.16～图 4.18 所示。综合上述试验结果及现象，可得出如下结论：

　　（1）试样 SE-02 为泥钙质胶结中的偏钙质胶结，胶结程度较好，渗透系数在 10^{-6}～10^{-5} cm/s 量级范围内，渗透流出液仅带出试样内部少量肉眼不可见泥沙沉淀物，试验渗透比降范围内未测得渗透破坏比降点。

　　（2）试样 SE-03 为泥钙质胶结中的中等胶结，胶结程度较好，自然状态下发育有大量完整的自然渗流通道，渗透系数在 10^{-3} cm/s 量级范围内，渗透流出液带有肉眼可见泥沙沉淀物，试验渗透比降范围内未测得渗透破坏比降点，但随着渗透试验的进行，渗流通道逐渐扩大，有成为透水体的趋势。

　　（3）试样 SE-06 为泥钙质胶结中的偏泥质胶结，胶结程度较差，渗透系数在 10^{-5}～10^{-4} cm/s 量级范围内，渗透流出液带出大量肉眼可见泥沙沉淀物，且试验渗透比降范围内测得的渗透破坏比降点约为 100；随着渗透试验的进行，渗透通道逐渐扩大，且渗透流出面出现沿砾石胶结面的裂纹，可判定在大于 100 的渗透比降下，该类型试样将发生渗透失稳。

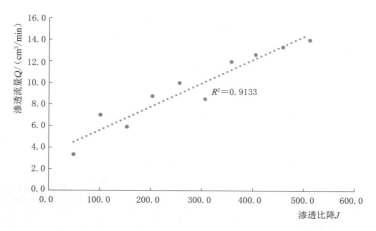

图 4.16 试样 SE-02 渗透破坏比降及其拟合趋势

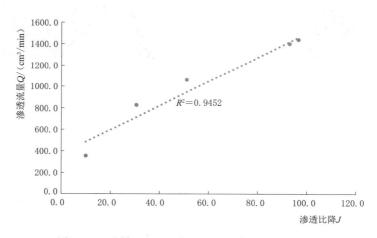

图 4.17 试样 SE-03 渗透破坏比降及其拟合趋势

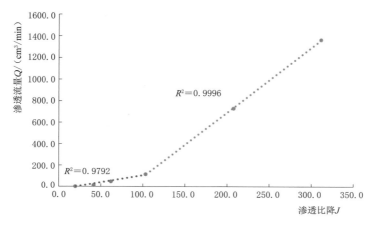

图 4.18 试样 SE-06 渗透破坏比降及其拟合趋势

4.3　长期渗透稳定性

西域砾岩胶结物特别是泥质和泥钙质胶结物在水浸条件下，性质不稳定，它的长期渗透稳定性直接关系到坝基处理和灌浆帷幕的长期耐久性。对于西域砾岩的长期渗透稳定性，一般可用低压稳定渗流试验和加速渗流试验进行测定和评价。试验所需的设备包括恒温加热箱、渗透仪（改造后实现高压渗透）、高精度天平、波速测定仪等（图 4.19 和图 4.20）。

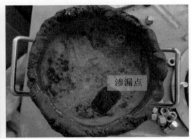

渗漏点

图 4.19　西域砾岩长期渗透试验试样制备　　　　图 4.20　西域砾岩长期渗透试验

4.3.1　渗流试验方法

4.3.1.1　低压稳定渗流试验

低压稳定渗流试验的步骤主要有：

（1）与渗透试验测定类似，根据试样形状尺寸，将试样切割成类圆柱体，放入模具并用水泥或环氧树脂浇筑成型。

（2）采用逐级加压法，对西域砾岩试样逐级加压，直到试样渗透出水为止，用渗透压力除以试样高度确定试样的可渗渗透比降 $J_{可渗}$。

（3）试验前测定试样的饱和质量 m_0、波速 v_0 和渗透系数 k_0。

（4）在可渗渗透比降 $J_{可渗}$ 条件下，保持较长时间稳定渗流，测定不同时间 t_1 后试样的饱和质量 m_t、波速 v_t、渗透系数 k_t。

（5）分析较短时间 t_1 后试样的质量、波速、渗透系数变化情况，为加速渗透试验提供基准或检验条件。试样质量变化率、波速变化率及渗透系数变化量分别用式（4.3）～式（4.5）计算：

$$质量变化率 = \frac{m_0 - m_t}{m_0} \times 100\% \tag{4.3}$$

$$波速变化率 = \frac{v_0 - v_t}{v_0} \times 100\% \tag{4.4}$$

$$渗透系数变化量 = k_t - k_0 \tag{4.5}$$

4.3.1.2　加速渗流试验

假定长期渗透作用下岩体的衰减程度可由渗透水带出的元素进行定量评价，控制渗透比降在合理范围内时，渗流满足达西定律，渗透水经西域砾岩溶解或影响的物质应为胶结物，岩体骨架不会发生较大变化，渗透水带出的元素为渗水量和渗水中元素浓度的乘积。在渗透水作用下，西域砾岩胶结物遭受影响后，一部分可能被溶解，一部分仍留在原处，渗漏过程中胶结物影响量受渗水量控制。为此，在不破坏西域砾岩的条件下，采用室内试验手段，在短时间内可形成"蓄水产生渗漏后若干年内的渗水量"，从而达到利用"室内短时间试验"加速模拟若干年后西域砾岩的特性变化情况。

具体试验方法如下：

（1）根据水文地质资料和设计文件，分析蓄水后帷幕体、岩体的渗透比降 $J_{设计}$。

（2）逐级提高渗透压力，同一级渗透压力下观察 $30\sim60\text{min}$，直到试样渗透出水为止，用渗透压力除以试样高度确定试样的可渗渗透比降 $J_{可渗}$；逐级提高渗透压力，确定试样破坏时的破坏渗透比降或试验设备能提供的最大渗透比降，取破坏渗透比降或试验最大渗透比降前一级渗透比降作为加速试验比降 $J_{加速}$。

（3）试验前测定试样的饱和质量 m_0、波速 v_0 和渗透系数 k_0。

（4）开始长期加速渗透试验。逐级提高至加速试验比降 $J_{加速}$，分析该条件下试样渗透系数和可渗渗透比降 $J_{可渗}$ 条件下试样渗透系数有无较大偏差。若无较大偏差时开始测量不同时间 t_1 后试样的饱和质量 m_t、波速 v_t、渗透系数 k_t。

（5）确定试验时间 t_1 所代表的实际渗透时间 T_1：$T_1 = \dfrac{J_{加速}}{J_{设计}} \times t_1$。

（6）采用饱和质量、波速、渗透系数的变化描述实际渗透时间 T_1 后西域砾岩的变化情况，试样质量变化率、波速变化率及渗透系数变化量分别参照式（4.3）~式（4.5）进行计算。

4.3.2 试验设计

将奴尔水利枢纽工程不规则的西域砾岩加工成直径约 11.5cm 的类圆柱体试样，测定质量、波速、渗透系数随渗透时间的变化情况，以评定渗透水对西域砾岩的影响。

（1）低压稳定渗流试验。采用切割形成的类圆柱体试样，测定试样质量、波速、渗透系数随渗透时间的变化情况，以评定近似现场渗透条件下渗透水对西域砾岩的影响。共设计 9 组试验，考虑了 3 种渗流比降以及 $3\sim6$ 个月的渗透情况。

（2）加速稳定渗流试验。采用切割形成的类圆柱体试样，利用改造的加速渗流仪测定试样质量、波速、渗透系数随渗透时间的变化情况。根据假定条件，模拟 10 年、20 年、50 年等时间的长期渗流稳定性（表 4.6），共设计 10 组试验。加速试验渗透压力为 1.50MPa，试样厚度为 40mm，试验渗透梯度 3750 为设计渗透梯度的 97.40 倍。

表 4.6　　　　　　　　加速稳定渗流试验时间对应代表年限时间

编号	试验时间/d	加速倍数	代表时间/年
1	19	97.40	5
2	38	97.40	10
3	57	97.40	15

编号	试验时间/d	加速倍数	代表时间/年
4	75	97.40	20
5	115	97.40	30
6	188	97.40	50
7	375	97.40	100

4.3.3　低压稳定渗流试验成果

4.3.3.1　质量变化

图 4.21 为奴尔水利枢纽 7 块泥钙质胶结西域砾岩试样，在设计帷幕灌浆比降条件下 100d 渗流试验过程中质量随时间的变化率。根据试验结果可知：渗透初期，试样质量损失速率相对较快；随着时间的延长，质量损失率在 60d 之后基本趋于稳定；渗透 100d 后，质量损失率在 0.12%~0.15% 之间。

图 4.22 为渗流比降为 171.5（水能够渗出试样的比降）和 431.2（试验最大渗透比降的 0.8 倍）条件下，西域砾岩试样质量随时间的变化曲线。根据试验结果可知：在渗透初期，西域砾岩的质量损失率变化较大，随后趋于稳定；在 100d 后，2 种渗流比降模式下试样的质量损失率趋于稳定，质量损失率在 0.10%~0.14% 之间。

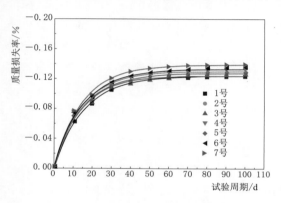

图 4.21　渗透 100d 试样质量变化率

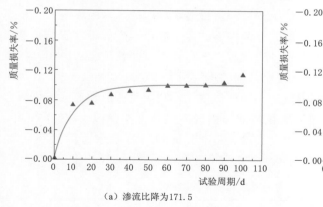

（a）渗流比降为 171.5

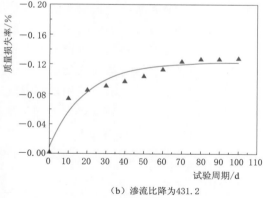

（b）渗流比降为 431.2

图 4.22　不同渗流比降下质量随时间的变化率

4.3.3.2　波速变化

表 4.7 为在设计帷幕灌浆比降条件下，100d 渗流试验过程中西域砾岩试样波速测试

值。由测试结果可知：在100d渗透过程中，西域砾岩试样波速随着渗透时间的延长而无明显变化规律，波速在2800～3300m/s之间，最大值为3237m/s，最小值为2888m/s，均值为3047m/s。

表4.7   低压稳定性试验试样波速变化

时间/d	各试样波速初始值/(m/s)						
	1号	2号	3号	4号	5号	6号	7号
	2888	3193	3069	3093	2909	2900	3179
	相比初始波速值的变化量/%						
0	0.00	0.00	0.00	0.00	0.00	0.00	0.00
10	0.76	−5.42	−4.76	3.27	1.58	0.76	−3.77
20	9.18	−4.23	5.15	−5.33	4.19	9.18	0.00
30	6.93	3.93	−3.26	−2.33	7.94	6.93	−7.27
40	5.68	2.92	0.65	0.58	8.42	5.68	−6.07
50	3.57	−5.03	−2.74	−0.65	0.17	3.57	−0.60
60	8.86	7.64	4.37	−6.18	3.09	8.86	−1.01
70	7.51	3.19	−2.70	4.36	2.72	7.51	−2.80
80	11.70	−6.57	3.71	1.84	5.43	11.70	−1.29
90	11.98	3.11	−1.86	0.91	1.24	11.98	1.82
100	7.44	2.93	−2.90	−5.69	10.93	7.44	−4.59

图4.23为渗透比降为171.5和431.2条件下，100d渗流试验过程中西域砾岩试样波速测试值。根据试验结果可知：西域砾岩试样的波速在2800～3300m/s之间，最大值为3248m/s，最小值为2890m/s；在100d渗透试验过程中，波速与渗透试验时间的长短无明显相关性。

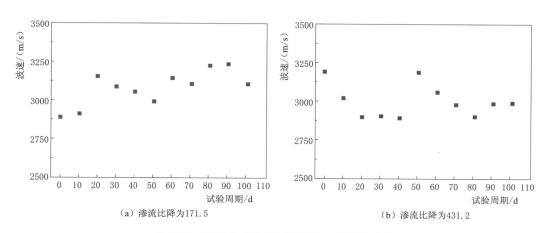

（a）渗流比降为171.5   （b）渗流比降为431.2

图4.23   不同渗流比降下波速随时间的变化率

4.3.3.3　渗透系数变化

表 4.8 为以设计帷幕灌浆比降条件下，对奴尔水利枢纽 7 块西域砾岩试样的低压长期渗透试验。根据试验结果可以看出：西域砾岩试样的渗透系数在 10^{-5} cm/s 量级。其中渗透系数最大为 8.62×10^{-5} cm/s，最小值为 2.28×10^{-5} cm/s；在 100d 渗透过程中，渗透系数随时间变化的规律不明显。

表 4.8　　　　　　　　　　长期渗流稳定性试验试样渗透系数变化量

时间/d	各试样渗透系数初始值/(10^{-5}cm/s)						
	1 号	2 号	3 号	4 号	5 号	6 号	7 号
	3.25	4.31	7.42	4.19	4.33	8.62	4.93
	相比初始渗透系数的变化量/(10^{-5}cm/s)						
0	0.00	0.00	0.00	0.00	0.00	0.00	0.00
10	4.47	2.60	−3.39	0.60	2.22	−2.45	−0.41
20	0.66	0.87	−3.41	3.17	2.5	−0.13	3.05
30	4.22	2.35	−2.78	0.74	3.54	−4.83	−0.34
40	1.38	−0.07	−0.70	1.75	4.48	−2.59	3.03
50	3.08	−0.62	−1.17	0.05	5.50	−3.03	1.16
60	1.01	0.81	−0.24	2.95	−0.49	−4.59	2.95
70	0.36	−1.23	−2.19	0.35	1.13	−1.24	2.20
80	1.23	1.08	−0.04	0.20	2.51	−6.25	0.09
90	2.31	−2.03	−1.49	2.92	−0.94	−0.79	−1.81
100	5.18	2.61	0.01	−0.87	0.50	−2.03	−1.34

图 4.24 为渗透比降为 171.5 和 431.2 时，渗透系数随试验时间的变化结果。由试验结果可知：西域砾岩的渗透系数在 10^{-5} cm/s 量级；在 100d 长期渗透试验过程中，西域砾岩渗透系数呈分散状态，与渗透时间的延长无明显相关性。

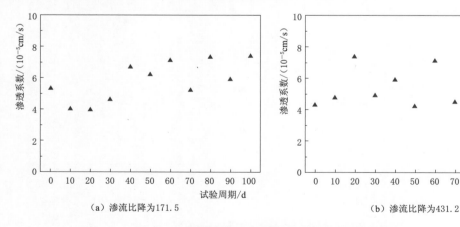

图 4.24　不同渗流比降下渗透系数随时间的变化率

4.3.4 加速渗流试验成果

本节给出了时间为 19d、38d、57d、75d、115d（考虑试验加速倍数 97.40，试验代表时间分别为 5 年、10 年、15 年、20 年、30 年）时奴尔水利枢纽西域砾岩试样加速渗流试验成果，以通过试样质量、波速及渗透系数的变化率来评价西域砾岩的长期渗透稳定性。

4.3.4.1 质量变化

表 4.9 为不同试验年限加速渗流试验西域砾岩试样质量变化率。由试验结果可知：①随着时间的延长，试样质量均出现明显的降低，试样的累积质量损失率呈上升趋势；②在加速渗透试验过程中，胶结较好的试样质量损失较胶结较差试样的质量损失小；③在渗透 75d 后（代表年限为 20 年），胶结较好试样的质量损失率为 1.94%～2.43%，胶结较差试样的质量损失率为 3.43%～4.04%。在渗透 115d 后（代表年限为 30 年），胶结较好试样的质量损失率为 2.21%～2.72%，胶结较差试块的质量损失率为 4.11%～4.53%。

表 4.9 加速渗流试验试样质量变化率

项　目		胶结较好试样				
时间/d	代表年限/年	8 号	9 号	10 号	11 号	12 号
		质量变化率/%				
0	0	0.0000	0.0000	0.0000	0.0000	0.0000
19	5	−0.6353	−0.6284	−0.5942	−0.5574	−0.64724
38	10	−1.1382	−1.3414	−1.2942	−1.1432	−1.38432
57	15	−1.5432	−1.8843	−1.6947	−1.6323	−1.83742
75	20	−1.9432	−2.2321	−2.0321	−1.9432	−2.4321
115	30	−2.2573	−2.3134	−2.3204	−2.2135	−2.7214
项　目		胶结较差试样				
时间/d	代表年限/年	13 号	14 号	15 号	16 号	17 号
		质量变化率/%				
0	0	0.0000	0.0000	0.0000	0.0000	0.0000
19	5	−0.8432	−0.8325	−1.1943	−1.0435	−0.9435
38	10	−1.7532	−1.6843	−2.2353	−2.4832	−1.8432
57	15	−2.4356	−2.3533	−2.9483	−3.2432	−2.6832
75	20	−3.5316	−3.4325	−3.8432	−4.0435	−3.5833
115	30	−4.1764	−4.1089	−4.5374	−4.5327	−4.2387

4.3.4.2 波速变化

表 4.10 为加速渗流试验试样波速变化率的试验成果。由试验结果可知：①30 年后，试样的波速在 3000m/s 附近；②在加速渗流试验过程中，胶结较好试样和胶结较差试样的波速并没有随着代表年限的增加而呈一定的变化趋势。

表 4.10　　　　　　　　　　　加速渗流试验试样波速变化率

项　目		胶结较好试样波速初始值/(m/s)				
		8 号	9 号	10 号	11 号	12 号
时间/d	代表年限/年	3245	3020	2948	3125	2995
		波速变化率/%				
0	0	0.00	0.00	0.00	0.00	0.00
19	5	−10.45	−1.69	2.48	0.48	−2.97
38	10	−3.45	7.09	5.63	0.03	−0.87
57	15	5.95	5.40	4.24	−6.75	6.48
75	20	2.65	6.06	−1.56	−4.03	2.24
115	30	5.87	−1.68	3.54	2.37	3.22
项　目		胶结较差试样波速初始值/(m/s)				
		13 号	14 号	15 号	16 号	17 号
时间/d	代表年限/年	3295	3294	3194	3053	2983
		波速变化率/%				
0	0	0.00	0.00	0.00	0.00	0.00
19	5	−7.98	−0.64	−5.17	4.85	3.39
38	10	−9.44	−10.75	0.28	1.34	1.51
57	15	−4.43	−14.85	−9.08	−4.03	−4.49
75	20	−2.73	−5.77	−5.32	−3.73	−4.69
115	30	2.42	3.94	2.11	3.25	1.09

4.3.4.3　渗透系数变化

表 4.11 为加速渗流试验试样渗透系数变化量,可以看出:①30 年后,试块的渗透系数大部分都在 10^{-5} cm/s 量级。胶结较好试样的渗透系数最大达到 8.45×10^{-5} cm/s,胶结较差试样渗透系数最大达到 2.22×10^{-4} cm/s;②在加速渗透试验过程中,随着渗透时间的增长,胶结较好和胶结较差试样的渗透系数大体上呈上升的趋势。

表 4.11　　　　　　　　　　加速渗流试验试样渗透系数变化量

项　目		胶结较好试样渗透系数初始值/(10^{-5}cm/s)				
		8 号	9 号	10 号	11 号	12 号
时间/d	代表年限/年	3.42	3.94	3.12	5.36	5.93
		渗透系数变化量/(10^{-5}cm/s)				
0	0	0.00	0.00	0.00	0.00	0.00
19	5	0.43	−1.51	0.13	−1.91	−1.58
38	10	1.41	0.45	2.20	−1.13	−1.09
57	15	2.96	1.44	1.23	0.97	−0.55
75	20	4.32	2.73	1.62	1.76	1.39
115	30	5.03	3.21	1.42	1.25	1.94

续表

项目		胶结较差试样系数初始值/(10^{-5}cm/s)				
		13 号	14 号	15 号	16 号	17 号
时间/d	代表年限/年	3.21	4.25	3.29	3.32	4.03
		渗透系数变化量/(10^{-5}cm/s)				
0	0	0.00	0.00	0.00	0.00	0.00
19	5	1.17	2.11	1.59	1.06	1.36
38	10	4.11	3.07	2.62	4.54	3.31
57	15	3.18	3.68	4.2	3.15	4.31
75	20	11.09	4.58	17.51	4.52	5.39
115	30	9.94	5.39	18.95	4.83	6.36

4.4 基于钻孔压水试验的西域砾岩渗透特性

4.4.1 钻孔压水试验技术要求

根据《水利水电工程钻孔压水试验规程》（SL 31—2003）中的相关要求，钻孔压水试验应随钻孔的加深自上而下分段进行，技术要点如下：

（1）压水试验段长度宜为 5m。

（2）压水试验水泵要求在 1MPa 压力下流量能满足现场试验要求，供水调节阀门应灵活可靠不漏水，且不宜与钻进共用。

（3）下栓塞前应对压水试验工作管进行检查，不得有破裂、弯曲、堵塞等现象，接头处应采取严格的止水措施。止水栓塞宜采用水压式或气压式，栓塞长度不小于 8 倍钻孔直径，长度不小于 80cm，确保止水可靠。栓塞封闭压力应比最大试验压力大 0.2～0.3MPa，试验中保持不变。

（4）压水试验前应进行洗孔，洗孔应采用压水法进行，洗孔时钻具应下到孔底，流量达到水泵最大出力。洗孔应洗至孔口回水水清沙净，肉眼观察无岩粉时方可结束；当孔口无回水时，洗孔时间不得小于 15min。

（5）孔内地下水位观测：钻孔至要求深度后清孔，提出钻杆后进行地下水位观测。孔内水位观测应每隔 5min 进行 1 次，当水位下降速度连续两次均小于 5cm/min 时，观测工作即可结束，用最后的观测结果确定压力计算零线。

（6）为验证压水试验时止水栓塞的止水效果，压水试验前用电测水位计进行孔内地下水位观测，压水试验过程中，用水位计进行孔内地下水位观测，与压水试验前进行水位比较，确定止水效果。当栓塞隔离无效时，应分析原因，采取移动栓塞、更换栓塞或灌制混凝土塞位等措施，移动栓塞时只能向上移，其范围不应超过上一次试验的塞位（暂时采用摄像头随卡塞进行下放，并且观测卡塞止水效果）。

（7）压水试验应按三级压力、五个阶段，即 $[P_1—P_2—P_3—P_4(=P_2)—P_5]$ 进行。根据西域砾岩渗透特性，P_1、P_2、P_3 三级压力先按 0.4MPa、0.6MPa、1.0MPa 取值，

并根据孔深和压水试验实际情况，实时调整三级压力值。

（8）流量观测工作应每隔 5min 进行 1 次，当流量无持续增大趋势，且 5 次流量读数中最大值与最小值之差小于最终值的 10%，或最大值与最小值之差小于 1L/min 时，本阶段试验即可结束，取最终值作为计算值；将试段压力调整到新的预定值，按照上述试验要求，开始新的压力水平试验。重复上述试验过程，直到完成该试段的试验。在降压阶段，如出现水由岩体向孔内回流，应记录回流情况，待回流停止，流量达到相关规定要求后，结束本阶段试验。

4.4.2　典型西域砾岩压水试验成果

典型工程西域砾岩压水试验成果统计见表 4.12，其透水率随深度变化曲线如图 4.25～图 4.28 所示，其不同压水条件下流量-压力曲线如图 4.29～图 4.30 所示。

从表 4.12 可见，典型工程西域砾岩透水率在 0.1～40Lu 之间，小于 3Lu 的占比约为 52%～100%，小于 5Lu 的占比约为 62%～100%。

表 4.12　　　　　　　　　典型工程西域砾岩压水试验成果统计

序号	工程名称	工程量 /（段/孔）	透水率 /Lu	小于 3Lu 的占比 /%	小于 5Lu 的占比 /%
1	莫莫克水利枢纽	116/10	0.1～12	70	85
2	奴尔水利枢纽	94/17	0.8～13	68	75
3	五一水库	75/6	0.4～23	65	71
4	XSX 水电站	132/14	0.2～40	52	62
5	台斯水库	232/26	0.2～5	81	89
6	阳霞水库	7/2	0.3～2	100	100
7	战备沟水库	72/6	0.1～19	53	65

典型工程地层渗透性等级大部分属微～弱透水。地层压水试验流量-压力曲线类型大部分为 A（层流）型，少量为 C（扩张）型（图 4.25～图 4.30）。

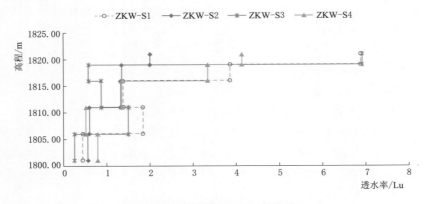

图 4.25　典型透水率随深度变化曲线（一）

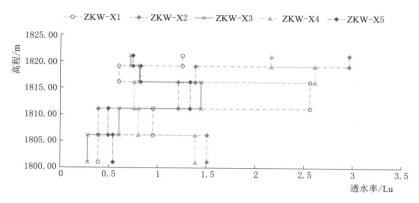

图 4.26 典型透水率随深度变化曲线（二）

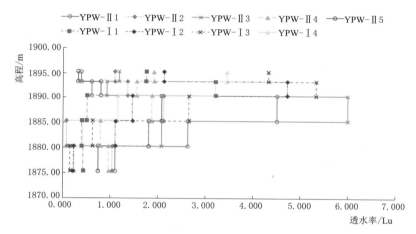

图 4.27 典型透水率随深度变化曲线（三）

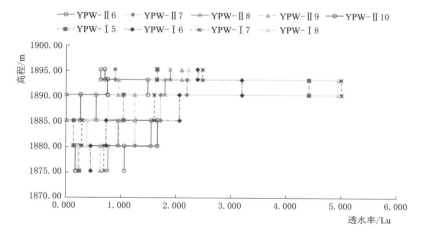

图 4.28 典型透水率随深度变化曲线（四）

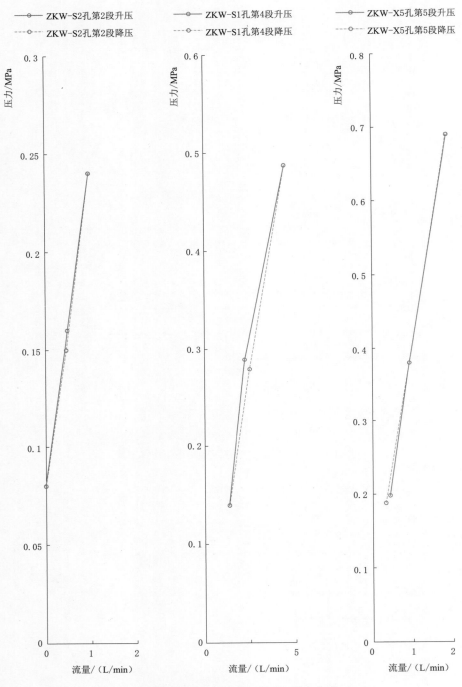

图 4.29　典型不同压力条件下流量-压力曲线（一）

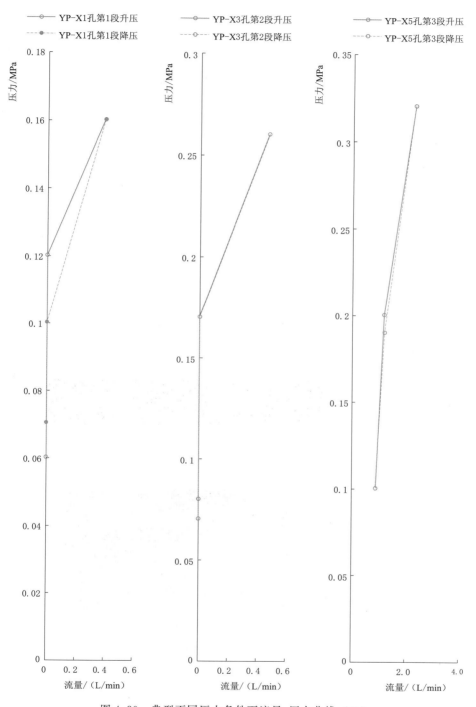

图 4.30 典型不同压力条件下流量-压力曲线（二）

4.5　西域砾岩灌浆特性

由第 4.2～4.3 节可知，无论何种胶结性质的西域砾岩都呈现出一定孔隙性渗流特征，这也反过来说明，西域砾岩的灌浆特性也是由粒径大小不一的砾石形成的孔隙性通道来决定的。本节根据室内一维模拟灌浆试验和奴尔水利枢纽西域砾岩现场灌浆试验成果，研究了浆液在砾岩地层中的运动扩散规律。

4.5.1　一维模拟灌浆试验

4.5.1.1　一维灌浆模拟设计和制作

为反映西域砾岩的不同渗透特性，试验采用的西域砾岩是由不同比例的三种粒径的砂砾搭配而成的。对于一维模拟灌浆试验模型，在 PVC 管装入三种粒径尺寸的砂砾：①粒径为 2～60mm；②粒径为 0.66～2mm；③粒径小于 0.66mm，三种粒径比例为①：②：③＝3.94：1：2.94。试验模型模拟的透水率为 1～5Lu、5～10Lu、10～30Lu。图 4.31 为一维试验模型设计图。在图 4.31 所示的模型中，采用 42.5 级普通硅酸盐水泥，以两种不同的灌浆压力（0.6MPa 和 1.2MPa）进行灌浆试验，以确定水泥浆液在其中的扩散半径。由 PVC 管制作的一维模拟灌浆试验模型的管径为 110mm、长度为 2.0m。一维模拟灌浆试验模型如图 4.32 所示。

图 4.31　一维模拟灌浆试验模型设计图

图 4.32　一维模拟灌浆试验模型

对于 PVC 管式一维模拟灌浆试验模型，采用不同的夯实强度填满试验砂砾石，并构造如表 4.13 所示的三种透水率的西域砾岩试样。同时配制 42.5 级普通硅酸盐水泥灌浆材料，浆液配比为：水：水泥＝2：1。

表 4.13　　　　　　　　　　　　　构造三种不同透水率

编　号	1	2	3
透水率/Lu	1～5	5～10	10～30
渗透系数/(cm/s)	$9.98 \times 10^{-6} \sim 4.21 \times 10^{-5}$	$4.21 \times 10^{-5} \sim 1.00 \times 10^{-4}$	$1.00 \times 10^{-4} \sim 6.10 \times 10^{-4}$

一维模拟灌浆试验模型制作完成后，将注浆进口与小型注浆泵连接，待水泥浆液配制完成后，通过小型注浆泵进行水泥浆液材料的灌注。一维试验模型的另一端需要用土工布进行封堵，避免砂砾石或水泥浆液外溢。同时，需在土工布上预留几个小孔，以保证排水（图 4.33）。

图 4.33　西域砾岩一维模拟灌浆试验过程

4.5.1.2　试验成果

按照上述试验步骤开展的一维模拟灌浆试验数据见表 4.14。由试验数据可知，在灌浆试验过程中，水泥浆液饱满扩散距离和最远扩散距离随着渗透系数的增大而增大，并且变化趋势与透水率成正比。在 0.6MPa 和 1.2MPa 灌浆压力作用下，浆液饱满扩散距离分别为 16～153cm 和 22～158cm。

表 4.14　　　　　　　　　　　　　一维模拟灌浆试验数据

序号	灌浆压力 /MPa	渗透系数 /(10^{-5} cm/s)	浆液饱满扩散距离 /cm	浆液最远扩散距离 /cm
1	0.6	2.53	16	32
2		3.22	18	25
3		6.73	46	68
4		8.22	51	73
5		21.2	147	168
6		32.1	153	170
7	1.2	2.25	22	48
8		3.03	26	58
9		5.98	44	76
10		7.76	54	67
11		27.4	174	183
12		30.6	158	172

4.5.1.3　结石体抗压强度

一维模拟灌浆试验结束后自然养护 28d，取出在管子中的灌浆结石体，将饱和扩散部分的结石体通过切削打磨获得尺寸为 4cm×4cm×4cm 的试验试样。一维模拟灌浆结石体 28d 抗压强度结果见表 4.15。

表 4.15　　　　　　　　　一维模拟灌浆结石体 28d 抗压强度结果

序号	灌浆压力 /MPa	渗透系数 /(10^{-5}cm/s)	面积 /cm²	破坏荷载 /kN	抗压强度 /MPa
1	0.6	2.53	18.21	26.13	14.35
2		3.22	17.32	23.02	13.29
3		6.73	18.25	19.03	10.43
4		8.22	17.93	22.29	12.43
5		21.2	18.21	25.35	13.92
6		32.1	18.09	20.68	11.43
7	1.2	2.25	17.67	23.80	13.47
8		3.03	17.93	23.20	12.94
9		5.98	17.88	20.44	11.43
10		7.76	18.20	22.42	12.32
11		27.4	18.12	20.57	11.35
12		30.6	17.83	23.55	13.21

4.5.1.4　灌浆固结后的透水率

对灌完水泥浆液的砾岩土层（模拟西域砾岩）进行渗透系数测试，结果表明只要浆液能扩散到的部位，灌后形成的岩体渗透系数皆小于 $3×10^{-5}$cm/s，具有较好的防渗效果。

4.5.2　现场灌浆特性试验

为实际验证西域砾岩灌浆效果，在奴尔水利枢纽类西域砾岩地层开展了现场灌浆特性试验，以验证不同灌浆施工参数下的灌浆效果。

4.5.2.1　典型部位工程地质

经钻孔取芯和灌浆后全断面开挖综合分析，现场灌浆试验部位工程地质剖面如图 4.34 所示。该部位揭露的地层主要为 Q_2 和 Q_3 砾岩，Q_2 地层又细分为 Q_{2-1} 和 Q_{2-2} 两亚类，Q_{2-2} 地层中又发育三条宽度为 5cm 左右的细颗粒夹层。Q_3 地层主要分布在 1～6 号灌浆试验孔的上部，最大埋深 2.6m；Q_{2-2} 亚类地层主要分布在中部，埋深为 0～6m；Q_{2-1} 亚类地层主要分布在 1～6 号灌浆试验孔的底部，最小埋深 3.7m。

4.5.2.2　灌浆试验方案布设

灌浆试验分为水泥灌浆和化学灌浆两种方案，灌浆孔布设示意如图 4.35 所示。地层上覆混凝土盖重 50cm，开孔 120mm，钢管保护管 60cm；水泥灌浆（1～5 号灌浆试验孔）和化学灌浆（6～10 号灌浆试验孔）方案的灌浆深度为 6.0m，间距为 1.5m，孔径为

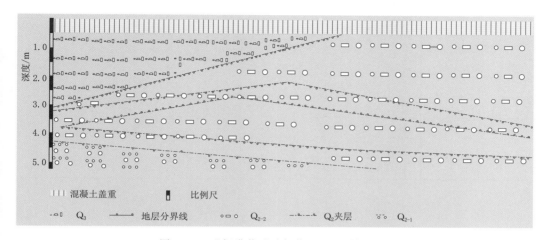

图 4.34　现场灌浆试验部位工程地质剖面图

75mm，水泥浆液水灰比为 5 : 1，A、B 硅溶胶比为 1 : 1。检查孔深度为 6.0m，孔径为 75mm。各试验孔均由水泥封孔，且采用水灰比为 1 : 5 的浓浆封孔。

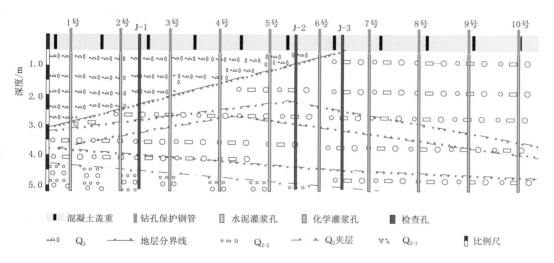

图 4.35　灌浆孔布设示意图

4.5.2.3　典型部位地层透水等级评价

依据灌浆前压水试验成果（表 4.16），灌浆区域典型部位地层透水率随深度变化曲线如图 4.36 和图 4.37 所示。

从表 4.16、图 4.36 和图 4.37 可知，各孔按照地层深度分为 0.5～2.0m、2.0～4.0m 和 4.0～6.5m 三段进行压水试验，距地表 0.5～2.0m 深度内的透水率为 111.97～ 202.39Lu，均超过 100Lu，属强透水等级；距地表 2.0～4.0m 深度内的透水率为 8.68～ 22.33Lu，大部分超过 10Lu，整体属中等透水等级；距地表 4.0～6.5m 深度内的透水率为 6.91～15.49Lu，整体处于 10Lu 左右，属弱～中等透水等级。

表 4.16 水泥灌浆量成果统计表

灌浆孔号	桩号	浆液	孔序	第一段（0.5~2.0m）		第二段（2.0~4.0m）		第三段（4.0~6.5m）	
				透水率/Lu	灌浆量/(kg/m)	透水率/Lu	灌浆量/(kg/m)	透水率/Lu	灌浆量/(kg/m)
1	0+0	水泥浆液	I	179.89	44.47	22.33	24.47	15.49	14.96
2	0+1.5		III	183.64	24.72	14.81	12.34	10.00	18.12
3	0+3.0		II	202.39	50.02	15.01	12.06	9.36	16.10
4	0+4.5		III	195.71	11.42	14.46	16.12	7.92	16.62
5	0+6.0		I	151.84	7.13	18.89	18.58	12.01	12.47

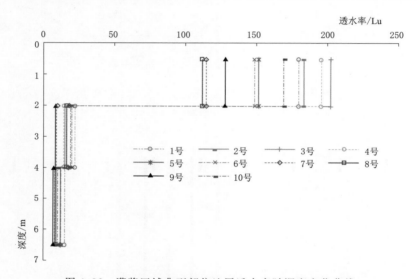

图 4.36　灌浆区域典型部位地层透水率随深度变化曲线

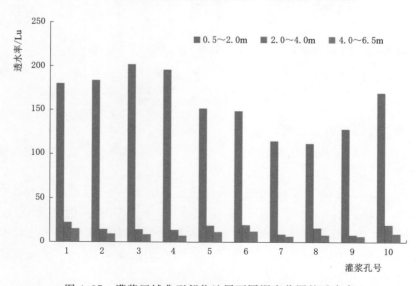

图 4.37　灌浆区域典型部位地层不同深度范围的透水率

4.5.2.4　灌浆施工灌浆量统计

灌浆区域典型部位 1～5 号孔为水泥灌浆孔，6～10 号孔为化学灌浆孔。1～5 号孔水泥灌浆量统计见表 4.16，其灌浆量随深度变化情况如图 4.38 和图 4.39 所示；6～10 号孔化学灌浆量统计见表 4.17，其灌浆量随深度变化情况如图 4.40 和图 4.41 所示。

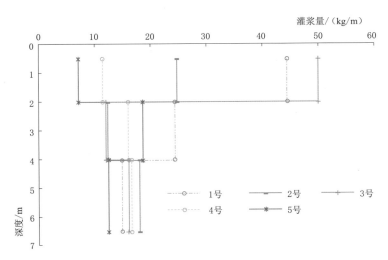

图 4.38　水泥灌浆量随深度变化图

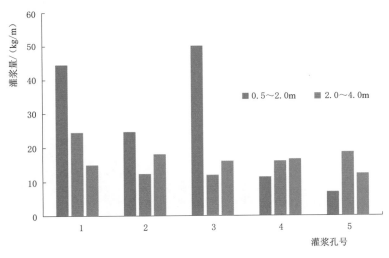

图 4.39　不同深度范围内的水泥灌浆量

由表 4.16、图 4.38 和图 4.39 可知，水泥灌浆量与灌浆孔序、地层深度、地层透水性等级较为一致，随灌浆孔序增加而整体减小，随地层透水性等级减小而整体减小。距地表 0.5～2.0m 深度内的水泥灌浆量为 11.42～44.47kg/m，距地表 2.0～4.0m 深度内的水泥灌浆量为 12.06～24.47kg/m，距地表 4.0～6.5m 深度内的水泥灌浆量为 12.47～18.12kg/m。

表 4.17   化学灌浆量成果统计表

灌浆孔号	桩号	浆液	孔序	第一段（0.5～2.0m）		第二段（2.0～4.0m）		第三段（4.0～6.5m）	
				透水率/Lu	灌浆量/(L/m)	透水率/Lu	灌浆量/(L/m)	透水率/Lu	灌浆量/(L/m)
6	0+7.5	化学浆液	Ⅰ	148.75	333.33	20.06	300.00	12.47	300.00
7	0+9.0		Ⅲ	114.92	176.33	9.26	300.00	7.18	236.00
8	0+10.5		Ⅱ	111.97	281.67	16.28	300.00	8.25	300.00
9	0+12.0		Ⅲ	128.09	116.00	8.68	300.00	6.91	300.00
10	0+13.5		Ⅰ	169.44	333.33	19.49	300.00	10.12	300.00

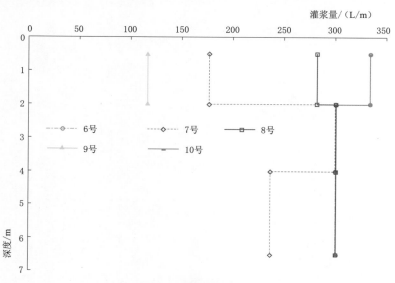

图 4.40 化学灌浆量随深度变化图

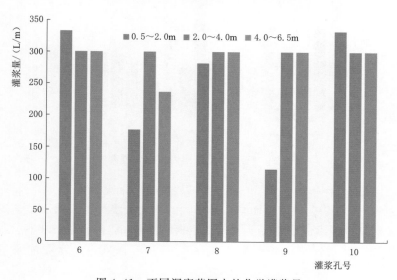

图 4.41 不同深度范围内的化学灌浆量

由表 4.17、图 4.40 和图 4.41 可知，化学灌浆量与灌浆孔序、地层深度、地层透水性等级较为一致，随着灌浆孔序增加而整体减小，随地层透水性等级减小而整体减小。距地表 0.5～2.0m 深度内的化学灌浆量为 116.00～333.33L/m，距地表 2.0～4.0m 深度内的化学灌浆量为 300.00L/m，距地表 4.0～6.5m 深度内的化学灌浆量为 236.00～300.00L/m。

4.5.2.5　灌浆效果评价

待灌浆区域灌浆试验完成后，通过开挖和地质素描对灌浆扩散区域进行量测分析（图 4.42）：1～5 号水泥灌浆区域扩散半径为 9～16cm，其中 Q_3 地层扩散半径为 14～16cm，Q_{2-2} 地层整体扩散半径为 11～14cm，Q_2 地层细颗粒夹层扩散半径为 13～14cm，Q_{2-1} 地层整体扩散半径为 9～12cm。6～10 号化学灌浆区域扩散半径为 18～22cm，其中 Q_3 地层扩散半径为 20～22cm，Q_{2-2} 地层整体扩散半径为 19～21cm，Q_2 地层细颗粒夹层扩散半径为 50～115cm，Q_{2-1} 地层整体扩散半径为 18～20cm。

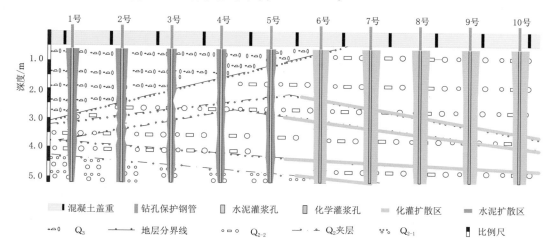

图 4.42　灌浆区域浆液扩散示意图

4.6　小结

（1）西域砾岩的孔隙率一般在 4.5%～12% 之间，为普通岩石孔隙率的 2～5 倍，西域砾岩中孔隙率的连通程度直接影响其渗透特性，并呈现典型的孔隙渗流特征。根据已有工程实践经验，西域砾岩透水率在 0.1～40Lu 之间，小于 3Lu 的占比约 52%～81%，小于 5Lu 的占比约 62%～89%；渗透系数多为 10^{-5}cm/s 量级。由于沉积环境的差异，部分西域砾岩基质含量较低，局部存在架空缺陷，渗透系数会增大到 10^{-3}cm/s 量级。

（2）根据室内试验成果，在压力动水作用下，西域砾岩的部分胶结物会发生侵蚀，并有少量的胶结物被水带走，渗透系数会略微增大，但大多仍处于 10^{-5}cm/s 量级。

（3）与渗透特性一样，西域砾岩的灌浆特性也受控于其孔隙连通程度，浆液扩散距离受灌浆压力和灌前渗透系数影响明显。室内试验表明，在 0.6MPa 压力作用下浆液扩散距离为 16～153cm，在 1.2MPa 压力作用下浆液扩散距离为 22～158cm。现场试验初步揭示类西域砾岩在常规固结压力条件下，浆液的扩散半径一般不大于 30～40cm。

（4）鉴于西域砾岩具有渗透系数较小和抗渗比降较大的特点，帷幕灌浆和固结灌浆除应根据西域砾岩不同胶结特性设置较合理的间排距外，更应注意西域砾岩地层中架空等缺陷部位的灌浆处理，以减少可能的渗透水量。

第 5 章

西域砾岩边坡变形与破坏特点

5.1　概述

　　西域砾岩宏观上表现为厚层、粗粒及黄灰色，砾石层中夹有条带状、中厚层、灰黄色粉砂岩（图 5.1），其工程力学特性呈现几个显著的特点：①西域砾岩为新近沉积岩，由于成岩时间较短，处于似岩非岩、似土非土的状态；②西域砾岩多为泥质、泥钙质胶结或半胶结，钙质胶结较少，胶结性差，钻孔取芯率常低于 10％，其中泥钙质胶结的单轴抗压强度平均只有 14MPa；③遇水软化或崩解，力学强度低，其中泥质胶结砾岩的软化系数约为0.1；④西域砾岩一般为整体厚层状结构，节理裂隙一般不发育，透水性较差，具弱透水性。正是这些特点，导致西域砾岩高边坡与一般土质或岩质边坡的变形破坏模式不同，呈现坡底淘蚀严重甚至倒悬、坡顶卸荷深度大、最终错落式塌落的独特破坏模式与变形失稳机制［图5.1 (b)］。

（a）典型西域砾岩边坡露头　　　　　　　　　（b）因坡脚被侵蚀而形成的竖直拉裂缝

图 5.1　典型西域砾岩边坡的淘蚀破坏特征

5.2 自然边坡变形与破坏特征

5.2.1 西域砾岩库岸边坡

5.2.1.1 莫莫克水利枢纽

莫莫克水利枢纽西域砾岩主要为钙泥质西域砾岩。分析坝址上下游库岸的 16 处高边坡（图 5.2）发现：天然边坡高度平均为 23m，最高为 62m；边坡坡脚呈现明显的淘蚀，淘蚀水平深度平均为 9m，最大为 22m；坡顶普遍发育与坡面走向平行的卸荷拉裂缝（表5.1）。部分西域砾岩岸坡脚部淘蚀情况如图 5.3 所示。

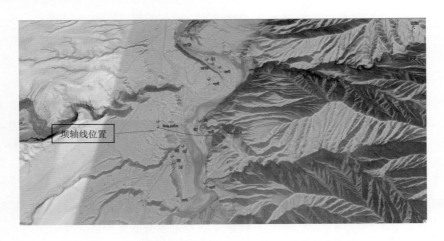

图 5.2 莫莫克水利枢纽现场调查点的平面位置图

表 5.1 莫莫克水利枢纽西域砾岩岸坡

淘蚀点编号	坡高/m	底部淘蚀情况		后缘拉裂缝状况	备 注
		淘蚀水平深度/m	淘蚀倾角/(°)		
1	21.0	8.0	上倾 5.0	已贯通	
2	18.0	4.5	上倾 8.0	未发现	
3	22.0	23.0	上倾 24.0	未发现	
4	15.0	16.0	上倾 40.0	未发现	坝址区上游左岸
5	12.0	10.0	上倾 65.0	已贯通	
6	12.0	22.0	上倾 50.0		
7	8.0	8.0	上倾 40.0	未发现	
8	11.0	2.8	上倾 8.0	未发现	
9	28.0	8.0	上倾 35.0	已贯通	坝址区上游右岸
12	28.0	13.0	上倾 35.0		

续表

淘蚀点编号	坡高/m	底部淘蚀情况		后缘拉裂缝状况	备 注
		淘蚀水平深度/m	淘蚀倾角/(°)		
13	12.0	1.8	上倾 52.0	未发现	坝址区下游左岸
14	26.0	1.9	上倾 62.0	已贯通	
15	62.0	5.0	上倾 67.0	已贯通	
16	55.0	7.0	上倾 52.0	已贯通	

（a）1号淘蚀点

（c）3号淘蚀点

（b）2号淘蚀点

（d）4号淘蚀点

（e）5号淘蚀点

图 5.3 部分西域砾岩岸坡坡脚淘蚀情况

5.2.1.2　五一水库

五一水库西域砾岩主要为泥钙质胶结（以泥质胶结为主）。分析坝址上下游库岸的 19 处高边坡（图 5.4）发现：相比于莫莫克水利枢纽，五一水库西域砾岩天然边坡高度平均达到 70m，最高为 85m；边坡坡脚呈现明显的淘蚀，淘蚀水平深度平均为 7m，最大为 13m；坡顶普遍发育与坡面走向平行的卸荷拉裂缝，最大深度达 60m。五一水库坝址区西域砾岩淘蚀情况如图 5.5 所示。

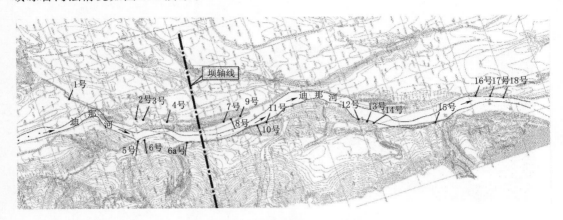

图 5.4　现场调查点的平面位置图

表 5.2　　　　　　　　　　　　　五一水库西域砾岩岸坡调查情况

淘蚀点编号	坡高/m	底部淘蚀情况		后缘拉裂缝状况	备注
		淘蚀水平深度/m	淘蚀倾角/(°)		
1	84.8	9.5	上倾 70.0	水平长度为 105m，卸荷带水平宽 5～9m，垂直深度为 60m	坝址区上游左岸
2	78.0	4.0	上倾 65.0	未发现	
3	78.4	6.2	上倾 45.0	未发现	
4	69.0	9.0	上倾 40.0	未发现	
5	79.0	12.5	上倾 65.0	已贯通	坝址区上游右岸
6	79.0	13.0	上倾 32.0	未发现	
6a	79.0	6.5	上倾 82.0	坍塌前裂隙呈贯通状分布，延伸长约 150m，裂隙张开宽度一般为 60～100cm，最宽达 160cm	
7	52.0	9.3	上倾 65.0	未发现	坝址区下游左岸
8	51.6	8.5	上倾 70.0	未发现	
9	50.0	6.4	上倾 70.0	未发现	
10	74.0	8.0	上倾 45.0	坍塌前裂隙呈贯通状分布，延伸长约 150m，裂隙张开宽度一般为 60～100cm，最宽达 160cm	坝址区下游右岸
11	70.0	3.2	上倾 40.0		
12	69.0	2.5	上倾 65.0	未发现	
13	64.8	4.0	上倾 60.0	未发现	
14	63.8	2.2	上倾 45.0	未发现	
15	67.1	8.0	上倾 60.0	未发现	

淘蚀点编号	坡高/m	底部淘蚀情况		后缘拉裂缝状况	备注
		淘蚀水平深度/m	淘蚀倾角/(°)		
16	67.1	5.8	上倾 55.0	延伸长约 100m，裂隙垂直深度为 60m，卸荷带宽 4～6m，开口张开 10～40cm，垂直深度为 60m	坝址区下游左岸
17	67.1	5.5	上倾 45.0		
18	68.7	5.0	上倾 60.0		

5.2.1.3 奴尔水利枢纽

奴尔水利枢纽西域砾岩主要为泥钙质胶结，主要发育在坝址区基岩，并在两岸陡坎处和较大的冲沟内少量出露。根据现场调查的上下游岸坡 7 处西域砾岩边坡（图 5.6）可知：西域砾岩天然边坡高度平均达到 23m，最高为 50m；边坡坡脚呈现明显的淘蚀，淘蚀水平深度平均为 2.5m，最大为 4.0m（表 5.3），奴尔水利枢纽坝址区西域砾岩淘蚀情况如图 5.7 所示。

（a）1号淘蚀点

（b）2～4号淘蚀点

（c）5号淘蚀点

（d）6号淘蚀点

图 5.5（一）　五一水库坝址区西域砾岩淘蚀情况

（e）6a号淘蚀点　　　　　　　　　（f）7～9号淘蚀点

（g）10号和11号淘蚀点　　　　　　　（h）12～14号淘蚀点

（i）15号淘蚀点　　　　　　　　　　（j）16～18号淘蚀点

图 5.5（二）　五一水库坝址区西域砾岩淘蚀情况

表5.3　　　　　　　　　　　奴尔水利枢纽西域砾岩岸坡调查情况

淘蚀点编号	坡高/m	底部淘蚀情况		后缘拉裂缝状况	备注
		淘蚀水平深度/m	淘蚀倾角/(°)		
1	45	1.0	上倾75	后缘无裂缝	左岸上游库区
2	15	1.0	上倾10	后缘无裂缝	
3	15	2.0	上倾50	后缘无裂缝	右岸坝址
4	25	4.0	上倾5.0	后缘无裂缝	左岸下游
5	15	4.0	上倾5.0	后缘无裂缝	
6	20	4.0	上倾40.0	后缘有裂缝	
7	30	1.0	上倾75.0	后缘无裂缝	

5.2.1.4　阳霞水库

待建的阳霞水库西域砾岩主要为泥钙质胶结西域砾岩，主要分布于阳霞河流域中低山河谷地貌区。根据上下游岸坡10处边坡西域砾岩边坡（图5.8）分析：西域砾岩天然边坡高度平均达到22m，最高为30m；边坡坡脚呈现明显的淘蚀，淘蚀水平深度平均为2.5m，最大为8m；坡顶普遍发育与坡面走向平行的卸荷拉裂缝（表5.4），阳霞水库坝址区西域砾岩边坡坡脚淘蚀情况如图5.9所示。

5.2.1.5　西域砾岩天然边坡特点

根据五一水库、XSX水电站、莫莫克水利枢纽、阳霞水库4个水利水电工程库区边坡的调查成果，西域砾岩天然边坡具有以下几个明显特点：

（1）西域砾岩自然边坡地形陡峭，坡度一般在60°～90°之间，边坡高度最大可达100m（如五一水库）。

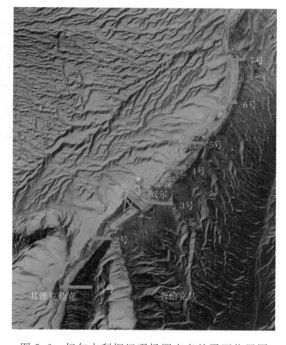

图5.6　奴尔水利枢纽现场调查点的平面位置图

（2）西域砾岩抗侵蚀、抗冲刷能力较差，受水流影响，部分岸坡坡脚岩体淘蚀、侵蚀现象十分发育，岸坡坡脚部位多形成冲蚀洞、冲蚀孔等。其中莫莫克水利枢纽的冲蚀洞的规模大小不一，入口一般较大，向里逐渐变小，并有掉块现象。坡脚的最大水平淘蚀深度达23m（如莫莫克水利枢纽）。

（3）受边坡淘蚀和坡体自重影响，西域砾岩自然边坡中靠近临空面部位的卸荷裂隙一般较为发育，垂直深度可达40～50m，顶部可见张裂缝，裂缝宽度一般为0.2～0.5m。

（a）1号淘蚀点

（b）2号淘蚀点

（c）3号淘蚀点

（d）4号淘蚀点

（e）5号淘蚀点

（f）6号淘蚀点

图 5.7（一）　奴尔水利枢纽坝址区西域砾岩淘蚀情况

（g）7号淘蚀点

图 5.7（二）　奴尔水利枢纽坝址区西域砾岩淘蚀情况

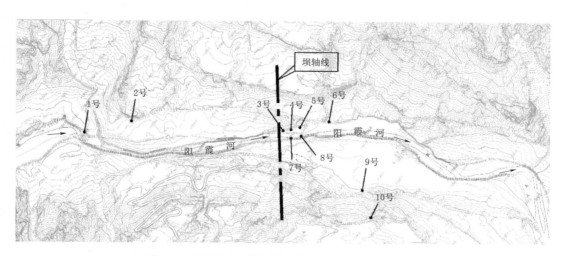

图 5.8　阳霞水库西域砾岩现场调查点的平面位置图

表 5.4　　　　　　　　　　阳霞水库西域砾岩岸坡调查情况

淘蚀点编号	坡高/m	底部淘蚀情况		后缘拉裂缝状况	备注
		淘蚀水平深度/m	淘蚀倾角/(°)		
1	22.1	8.5	上倾 59.0	卸荷裂隙长 60m，卸荷带宽 1～3m	坝址区上游左岸
2	16.0	1.2	上倾 67.0	卸荷裂隙长 20m，卸荷带宽 2～5m，局部可达 8m	
3	20.0	2.2	上倾 65.0	卸荷裂隙长 60m，卸荷带宽 1～5m，局部可达 10m	坝址区下游左岸
4	20.0	1.8	上倾 63.0		
5	20.0	2.0	上倾 62.0		
6	20.0	2.1	上倾 65.0		

淘蚀点编号	坡高/m	底部淘蚀情况		后缘拉裂缝状况	备注
		淘蚀水平深度/m	淘蚀倾角/(°)		
7	22.5	1.7	上倾 62.0	卸荷裂隙长 40m，卸荷带宽 1～5m，局部可达 10m	坝址区下游右岸
8	22.5	2.2	上倾 63.0		
9	30.0	1.5	上倾 80.0		
10	30.0	1.0	上倾 85.0		

（a）1号淘蚀点

（b）2号淘蚀点

（c）3～8号淘蚀点

（d）9号淘蚀点和10号淘蚀点

图 5.9　阳霞水库坝址区西域砾岩边坡坡脚淘蚀情况

（4）受成岩原因的影响，西域砾岩内一般发育有一层或多层泥岩夹层或夹泥透镜体，受水的浸泡等因素的影响易发生软化，进一步诱发上部岩体在自重作用下发生滑塌失稳（如五一水库）。

5.2.2 自然边坡变形破坏机制与演化特征

由于西域砾岩自身复杂特殊的物理力学性质，使得西域砾岩边坡往往具有不同于一般土质边坡或岩质边坡的变形破坏特征。结合现场调查情况，西域砾岩边坡的变形破坏模式并非一般意义上的滑动破坏，而是以拉裂-错落式塌落为主，如图5.10所示。具体为：坡脚处的岩土体受流水冲刷作用，导致抗剪强度大大降低而被带走，上部的西域砾岩处于临空状态，并在自重作用下处于受拉状态；随着淘蚀深度与宽度的不断加深，处于淘蚀洞上方的岩体开始出现坍塌而形成自然平衡拱，并形成向上的裂缝；同时坡顶处的岩体在自重引起的弯矩作用下出现竖向拉裂缝，最终拉裂缝贯通，坡体发生整体式塌落。边坡变形破坏的具体演化过程大致可分为以下四个阶段。

图 5.10 因坡脚被侵蚀而形成的竖直拉裂缝

（1）坡脚淘蚀阶段。在边坡形成的最初阶段，由于西域砾岩遇水后强度大幅降低，且抗冲刷能力较差，导致坡脚处的岩体浸水软化后变成散体结构，细颗粒被流水挟带流动，而粗颗粒沉积下来。此时由于位于淘蚀部位上方的岩体失去支撑作用，在自重作用下产生大致平行于临空面的拉裂缝［图5.11（a）］。

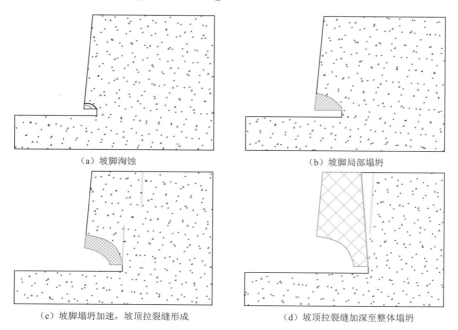

（a）坡脚淘蚀　　　　　　　　　　（b）坡脚局部塌坍

（c）坡脚塌坍加速，坡顶拉裂缝形成　　　　（d）坡顶拉裂缝加深至整体塌坍

图 5.11 西域砾岩边坡变形破坏演进图

（2）局部塌落阶段。随着淘蚀深度的不断增大，位于淘蚀部位上方的岩体内部的拉裂缝不断增加，贯通后发生局部塌落，最终形成一个可以自稳的平衡拱［图 5.11（b）］。

（3）局部塌落加剧与竖直拉裂缝形成阶段。随着淘蚀深度的持续增加，进一步加剧了淘蚀部位上方岩体的局部塌落，同时在淘蚀洞的前缘与坡顶处开始出现拉裂缝，且拉裂缝有不断扩展的趋势［图 5.11（c）］。

（4）整体塌落阶段。当淘蚀深度达到一定程度时，下方的拉裂缝贯通至坡顶或与坡顶处的拉裂缝完全相交，则被拉裂缝切割的岩体在自重作用下发生整体塌落［图 5.11（d）］。

5.3　西域砾岩边坡淘蚀破坏机制离散元数值模拟分析

根据西域砾岩边坡变形破坏特征的现场调研结果发现，西域砾岩边坡变形破坏主要是由于水流冲刷不断淘蚀坡脚而引起边坡发生变形破坏。为了深入研究西域砾岩边坡在水流冲刷淘蚀作用下的变形破坏机制，本节采用颗粒离散元方法，对西域砾岩天然边坡变形破坏过程进行模拟，探讨不同坡高西域砾岩边坡的淘蚀破坏过程和淘蚀破坏机制。

5.3.1　边坡地质概化模型

现场调查结果表明，莫莫克水利枢纽坝址区西域砾岩边坡坡高一般在 10～30m 之间，坡度较陡，倾角一般在 85°～90°之间。为了分析不同坡高边坡的淘蚀破坏过程，在进行数值模拟时，边坡坡高分别取 10m、20m、30m 进行考虑，坡度均取 85°，不同坡高边坡地质概化模型如图 5.12 所示。

5.3.2　边坡淘蚀过程离散元模拟步骤

5.3.2.1　边坡离散元模型建立

根据不同坡高边坡地质概化模型，建立边坡离散元模型。在建立模型时，不同坡高边坡离散元模型中的颗粒大小分布保持一致，其中颗粒大小服从均匀分布，颗粒半径为 0.10～0.12m。不同坡高边坡离散元模型（图 5.13）包含的颗粒数目分别为 7286 个（坡高 $H=10$m）、22579 个（坡高 $H=20$m）和 55720 个（坡高 $H=30$m）。

5.3.2.2　淘蚀过程离散元模拟

为了简化模拟水流冲刷的淘蚀过程，在离散元模拟中，通过逐步删除坡脚部位的颗粒来模拟水流淘蚀过程。根据现场统计结果，西域砾岩边坡坡脚淘蚀深度多数位于 3～10m。因此，在数值模拟时，初始设置最大淘蚀深度为 10m，并分 20 步进行逐步淘蚀，每一步淘蚀深度为 0.5m，且在每一步淘蚀后，进行 10000 步迭代计算，图 5.14 为边坡坡脚淘蚀过程离散元模拟步骤。需要说明的是，当淘蚀到某一深度边坡出现了整体垮塌时，就停止继续淘蚀，并延长迭代步得到边坡破坏后的形态。

5.3.2.3　离散元模拟参数确定

由于颗粒离散元数值模拟时需要输入材料的细观参数，因而在进行数值模拟之前，首先需要确定材料的细观参数。目前，针对离散元模拟细观参数的确定，常用方法是依据材料宏观的力学参数（变形和强度），借助数值试验率定出材料的细观参数。

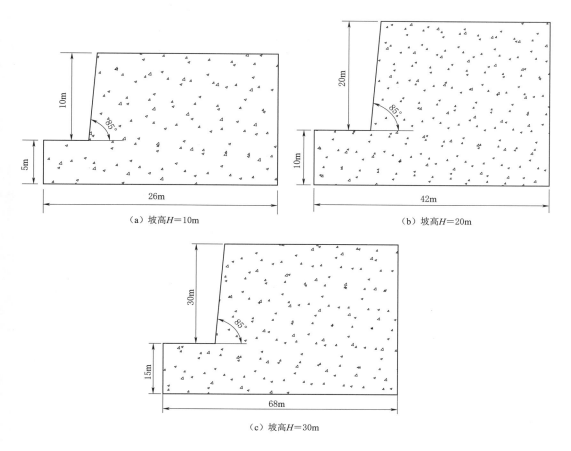

（a）坡高H=10m

（b）坡高H=20m

（c）坡高H=30m

图 5.12 不同坡高边坡地质概化模型

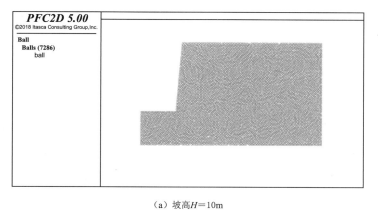

（a）坡高H=10m

图 5.13（一） 不同坡高边坡离散元模型

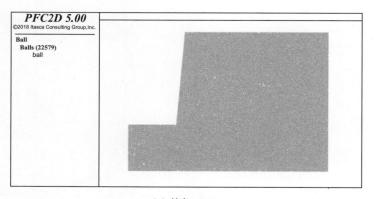

（b）坡高$H=20$m

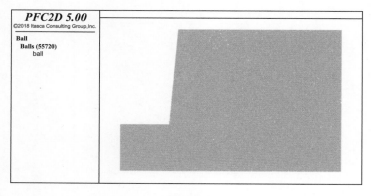

（c）坡高$H=30$m

图 5.13（二） 不同坡高边坡离散元模型

（a）初始状态

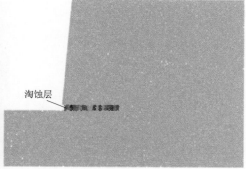

（b）第1步淘蚀（淘蚀深度为0.5m）

图 5.14（一） 边坡坡脚淘蚀过程离散元模拟步骤

（c）第2步淘蚀（淘蚀深度为1.0m）

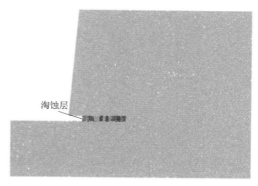
（d）第5步淘蚀（淘蚀深度为2.5m）

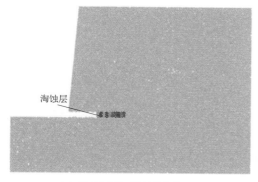
（e）第10步淘蚀（淘蚀深度为5.0m）

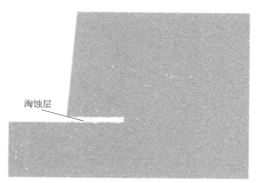
（f）第20步淘蚀（淘蚀深度为10.0m）

图5.14（二）　边坡坡脚淘蚀过程离散元模拟步骤

表5.5为西域砾岩岩体参数，根据西域砾岩的单轴抗压强度和弹性模量，采用单轴压缩试验来率定西域砾岩的细观参数。

表5.5　　　　　　　　　　　　　　西域砾岩岩体参数

岩体类型	抗剪强度指标（烘干）		抗压强度 /MPa	抗拉强度 /MPa	弹性模量 /GPa
	$\varphi'/(°)$	c/MPa			
西域砾岩-弱风化	43.3	2.78	8	0.4	1.7
西域砾岩-微风化	45.6	5.03	10	0.5	1.8

注　1. 边坡岩体参数一律按弱风化处理。
　　2. 表中抗拉强度的计算取值按抗压强度的1/20确定，实际计算中西域砾岩的抗拉强度 $\sigma_t=450$kPa。

图5.15给出了西域砾岩离散元单轴压缩试验。单轴压缩试验的数值试样尺寸为5m×10m，颗粒半径为0.1～0.12m，试样总的颗粒数为4388个，颗粒接触模型选用平行黏结模型，试验加载采用速度加载方式，加载速度为0.01mm/s。

通过调整平行黏结模型参数，使得数值试验获得的单轴抗压强度和弹性模量与表5.5中的数据基本一致，通过单轴压缩试验率定确定的西域砾岩细观参数见表5.6。

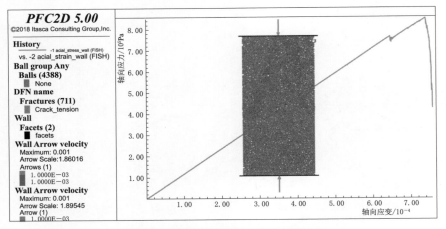

图 5.15　西域砾岩离散元单轴压缩试验

表 5.6　　　　　　　　　**西域砾岩细观参数**

模　型　名　称		名　称	符　号	取　值
平行黏结模型	线性接触部分	接触模量	emod	5.0×10^8
		接触刚度比	kratio	1.25
		摩擦系数	μ	0.577
	平行黏结部分	接触模量	pb_emod	5.0×10^8
		接触刚度比	pb_kratio	1.25
		剪切强度	pb_coh	5.0×10^6
		抗拉强度	pb_ten	4.5×10^5
		摩擦角	pb_fa	45.0

5.3.3　不同坡高边坡淘蚀破坏过程模拟分析

5.3.3.1　边坡坡高 $H = 10\mathrm{m}$

1. 淘蚀过程中边坡位移场及拉裂缝的演化过程

图 5.16 给出了坡高为 10m 边坡在淘蚀过程中位移场和拉裂缝的演化过程。由图 5.16 可以看出，在坡高为 10m 情况下，随着坡脚不断地淘蚀，边坡的变形在不断增加，边坡稳定性也在发生变化，当淘蚀深度达到 7.0m 时，边坡出现了整体失稳破坏，破坏形式表现为拉裂破坏。具体来说，从图 5.16（a）～（i）可以看出，当淘蚀深度小于 5.0m 时，边坡整体处于稳定状态；从图 5.16（j）可以看出，当淘蚀深度达到 5.0m 时，在淘蚀脚部位出现了小范围的破坏，但并未发生局部大的失稳情况；由图 5.16（k）～（m）可以看出，随着坡脚继续淘蚀，在淘蚀深度小于 7.0m 时，边坡整体仍处于稳定状态；从图 5.16（n）～（r）可以看出，当淘蚀深度为 7.0m 时，边坡顶部开始出现拉裂缝，且随着计算迭代步的增加，拉裂缝近乎向下垂直发展，并逐渐发展到淘蚀脚部位，边坡开始发生整体失稳。另外，由图 5.16（r）～（v）还可以看出，在失稳过程中，失稳岩体局部还产生了多条贯通拉裂缝，导致失稳岩体发生了解体。

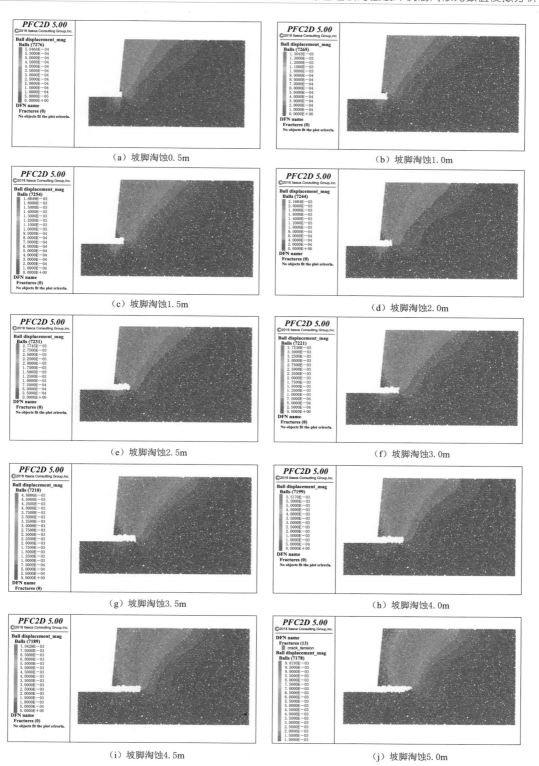

图 5.16（一） 坡高为 10m 边坡淘蚀过程中的位移场及拉裂缝演化过程

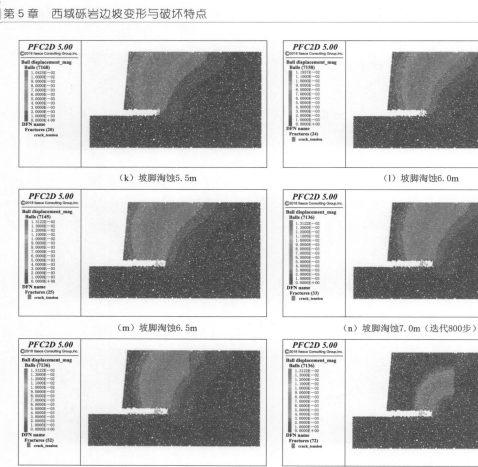

（k）坡脚淘蚀5.5m　　　　　　　（l）坡脚淘蚀6.0m

（m）坡脚淘蚀6.5m　　　　　　（n）坡脚淘蚀7.0m（迭代800步）

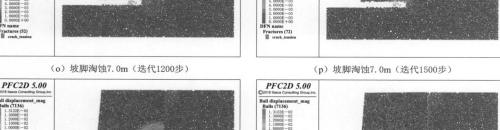

（o）坡脚淘蚀7.0m（迭代1200步）　　　（p）坡脚淘蚀7.0m（迭代1500步）

（q）坡脚淘蚀7.0m（迭代1700步）　　　（r）坡脚淘蚀7.0m（迭代2000步）

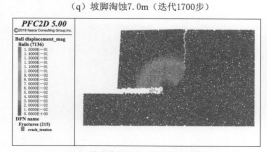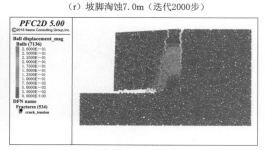

（s）坡脚淘蚀7.0m（迭代2500步）　　　（t）坡脚淘蚀7.0m（迭代3000步）

图 5.16（二）　坡高为 10m 边坡淘蚀过程中的位移场及拉裂缝演化过程

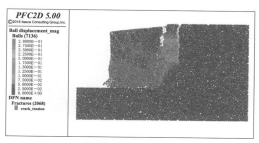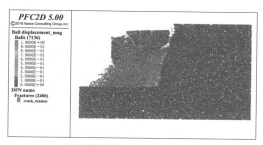

（u）坡脚淘蚀7.0m（迭代4000步）　　　　　（v）坡脚淘蚀7.0m（迭代5000步）

图5.16（三）　坡高为10m边坡淘蚀过程中的位移场及拉裂缝演化过程

2. 淘蚀过程中边坡内部力链的演化过程

图5.17给出了坡高为10m边坡在淘蚀过程中边坡内部力链的演化过程，图中黑色线条表示颗粒间接触力为压力，红色线条表示颗粒间接触力为拉力，线条的粗细代表力的大小。由图5.17可知，在坡脚淘蚀过程中，受边坡变形和内部应力状态的调整，边坡内部拉应力也在发生相应的调整和变化，随着淘蚀深度的增加，边坡内部最大拉应力区域从淘脚上方部位发展到坡顶部位，引起边坡顶部出现拉裂缝，并随着拉裂缝向下发展，导致边坡发生整体失稳。具体来讲，从图5.17（a）和（b）可以看出，在初期淘蚀阶段（淘蚀深度小于1.5m），边坡内部最大拉应力相对较大部位出现在淘脚部位及其上方区域；此后随着淘蚀深度的增加，边坡顶部拉应力开始不断增大［图5.17（c）～（h）］；从图5.17（i）～（m）可以看出，当淘蚀深度超过4.0m后，边坡内部最大拉应力出现在了边坡顶部，其位置位于淘蚀部位的前方，随着淘蚀深度的增加，边坡顶部拉应力在不断增大；由图5.7（n）～（r）可以看出，当淘蚀深度达到7.0m时，此时边坡顶部的拉应力超过了岩体的抗拉强度，顶部开始出现拉裂缝，且随着迭代步的增加，拉裂缝逐渐向下发展，最大拉应力部位也随着裂缝向下发展而迁移，直到拉裂缝贯通至淘蚀脚部位，此时边坡整体发生失稳；另外，由图5.17（s）～（v）可以看出，在边坡垮塌过程中，失稳岩体还会发生解体，这主要是由于失稳岩体下部受挤压，导致拉裂裂缝从下部向上部发展，使失稳岩体发生解体。

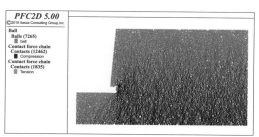

（a）坡脚淘蚀0.5m　　　　　　　　（b）坡脚淘蚀1.0m

图5.17（一）　坡高为10m边坡淘蚀过程中的内部力链演化过程

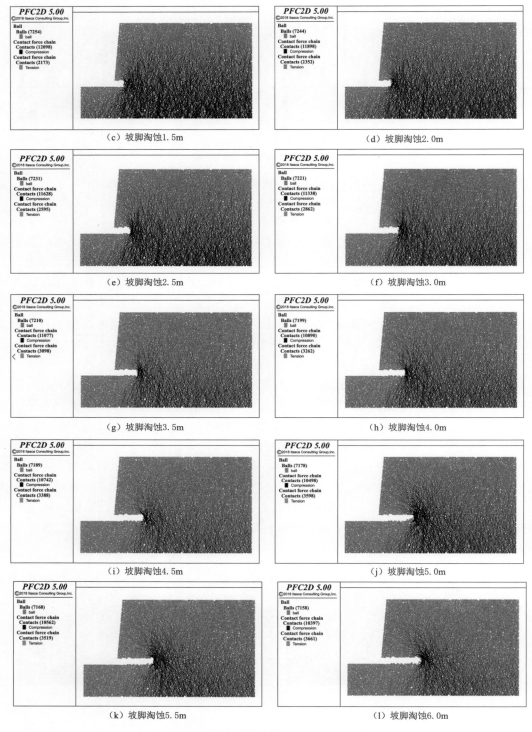

图 5.17（二）　坡高为 10m 边坡淘蚀过程中的内部力链演化过程

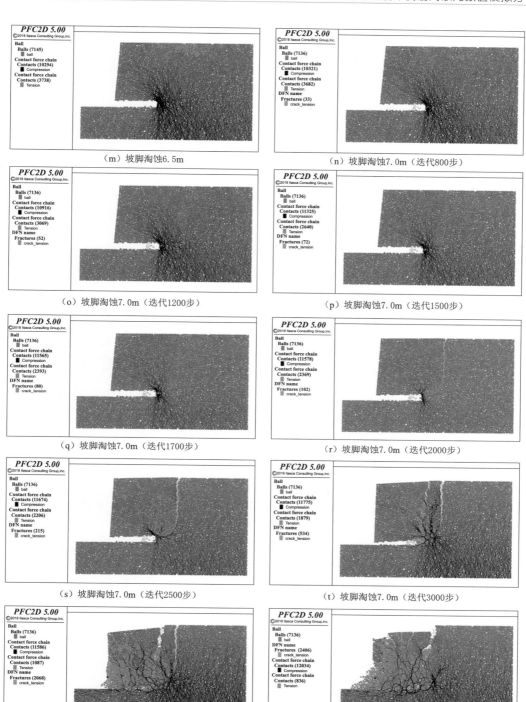

（m）坡脚淘蚀6.5m

（n）坡脚淘蚀7.0m（迭代800步）

（o）坡脚淘蚀7.0m（迭代1200步）

（p）坡脚淘蚀7.0m（迭代1500步）

（q）坡脚淘蚀7.0m（迭代1700步）

（r）坡脚淘蚀7.0m（迭代2000步）

（s）坡脚淘蚀7.0m（迭代2500步）

（t）坡脚淘蚀7.0m（迭代3000步）

（u）坡脚淘蚀7.0m（迭代4000步）

（v）坡脚淘蚀7.0m（迭代5000步）

图5.17（三） 坡高为10m边坡淘蚀过程中的内部力链演化过程

5.3.3.2　边坡坡高 $H = 20m$

1. 淘蚀过程中边坡位移场及拉裂缝的演化过程

图 5.18 给出了坡高为 20m 边坡在淘蚀过程中位移场和拉裂缝的演化过程。总体上，由图 5.18 可以看出，在坡高为 20m 情况下，随着坡脚不断淘蚀，边坡的变形在不断增加，边坡的稳定性也在发生变化。当淘蚀深度达到 4.0m 时，淘脚部位上部岩体开始出现局部的破坏，并随着淘蚀深度的继续增加，淘脚部位上部岩体的破坏范围也在不断地增大，并向里发展；当淘蚀深度达到 8.5 时，边坡由局部破坏逐步发展为整体失稳。具体来说，从图 5.18（a）～（g）可以看出，当淘蚀深度小于 4.0m 时，边坡整体处于稳定状态；从图 5.18（h）可以看出，当淘蚀深度达到 4.0m 时，淘蚀部位上部岩体发生了局部破坏；从图 5.18（i）～（p）可以看出，随着淘蚀深度的继续增加，淘蚀部位上部岩体局部破坏范围逐渐向深部发展，但边坡整体仍处于稳定状态；从图 5.18（q）～（x）可以看出，当淘蚀深度为 8.5m 时，随着计算迭代步的增加，边坡破坏开始由下部破坏不断向上部发展，最终引起边坡发生整体破坏，且从图 5.18（u）～（x）还可以看出，随着局部破坏的发展，在坡顶位置也开始出现了一条拉裂缝，且随着计算迭代步的增加，拉裂缝在不断发展，最终形成贯通裂隙，导致边坡发生整体失稳，且在失稳过程中局部还产生了多条贯通拉裂缝，导致失稳岩体发生了解体。

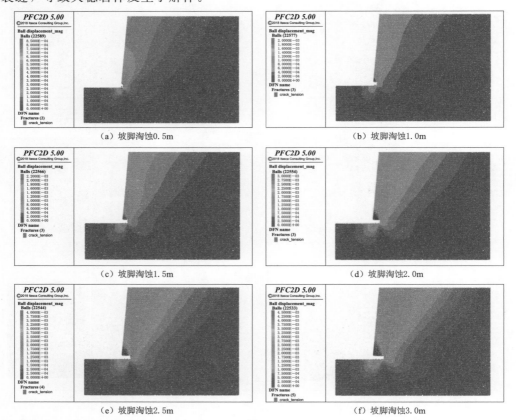

图 5.18（一）　坡高为 20m 边坡淘蚀过程中的位移场及拉裂缝演化过程

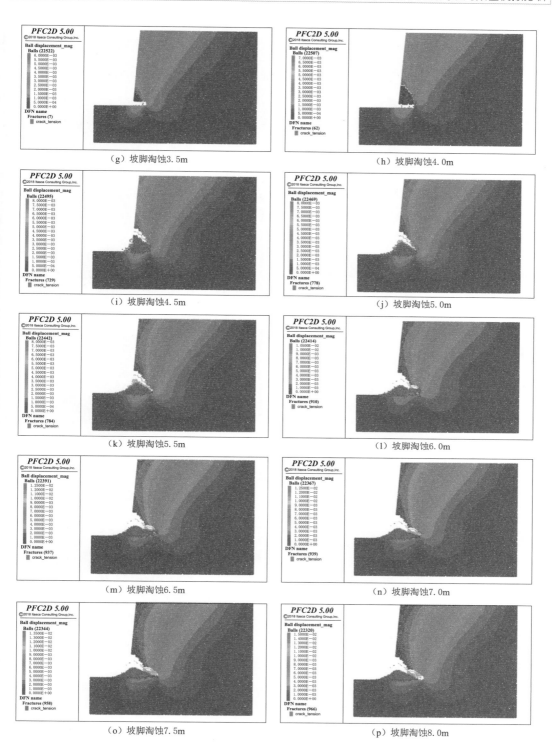

（g）坡脚淘蚀3.5m　　　　　　　　（h）坡脚淘蚀4.0m

（i）坡脚淘蚀4.5m　　　　　　　　（j）坡脚淘蚀5.0m

（k）坡脚淘蚀5.5m　　　　　　　　（l）坡脚淘蚀6.0m

（m）坡脚淘蚀6.5m　　　　　　　　（n）坡脚淘蚀7.0m

（o）坡脚淘蚀7.5m　　　　　　　　（p）坡脚淘蚀8.0m

图 5.18（二）　坡高为 20m 边坡淘蚀过程中的位移场及拉裂缝演化过程

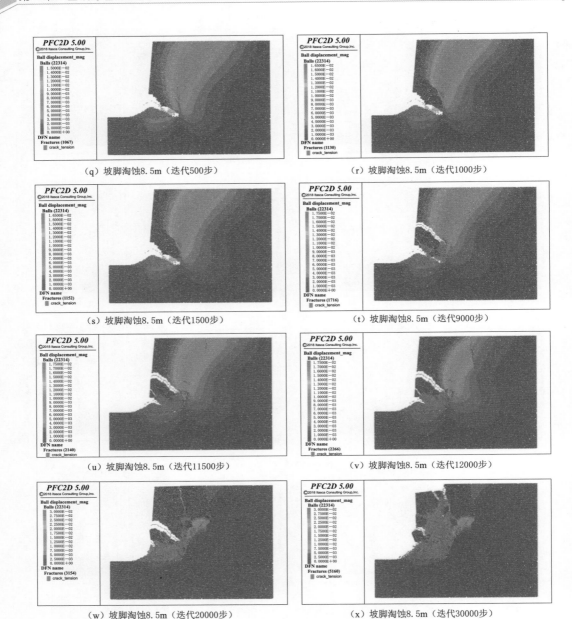

（q）坡脚淘蚀8.5m（迭代500步）　　　　（r）坡脚淘蚀8.5m（迭代1000步）

（s）坡脚淘蚀8.5m（迭代1500步）　　　　（t）坡脚淘蚀8.5m（迭代9000步）

（u）坡脚淘蚀8.5m（迭代11500步）　　　　（v）坡脚淘蚀8.5m（迭代12000步）

（w）坡脚淘蚀8.5m（迭代20000步）　　　　（x）坡脚淘蚀8.5m（迭代30000步）

图 5.18（三）　坡高为 20m 边坡淘蚀过程中的位移场及拉裂缝演化过程

2. 淘蚀过程中边坡内部力链的演化过程

图 5.19 给出了坡高为 20m 边坡在淘蚀过程中边坡内部力链的演化过程。由图 5.19 可知，在坡脚淘蚀过程中，受边坡变形和内部应力状态的调整，边坡内部拉应力也在发生相应的调整和变化，导致边坡内部最大拉应力区域也发生相应的变化，在初期淘蚀过程中，边坡内部最大拉应力区域主要分布在淘脚部位及其上方区域；随着淘蚀深度的增加，边坡内部最大拉应力区域由淘脚部位及其上方部位发展到坡顶部位，导致边坡由局部破坏

发展为整体破坏。具体而言，在坡高为 20m 情况下，从图 5.19 (a)~(g) 可以看出，在淘蚀深度为 0.5~3.5m 时，边坡内部最大拉应力区域主要位于淘脚部位及其上方区域，且随着淘蚀深度的增加，此部位的拉应力也在相应地增大，但其值仍未达到岩体的抗拉强度，边坡没有出现局部破坏；由图 5.19 (h) 可以看出，当淘蚀深度达到 4.0m 时，受应力调整影响，此时淘脚部位及其上方区域的最大拉应力超过了岩体的抗拉强度，边坡开始出现了局部的破坏；从图 5.19 (i)~(p) 可以看出，随着淘蚀深度的继续增加，边坡内部最大拉应力区域仍主要位于淘脚部位及其上方区域，由此局部破坏区域不断向里发展，但此时边坡整体仍处于稳定状态；从图 5.19 (q)~(t) 可以看出，在淘蚀深度为 8.5m 时，边坡又出现了新的局部破坏，从拉裂缝发展趋势可以看出，拉裂缝是从淘脚部位向临坡面发展的，这表明局部破坏是从淘脚部位最先开始并向临空面发展贯通的；由图 5.19 (u)~(x) 可以进一步看出，随着局部破坏时拉裂缝的发展，此时边坡内部最大应力区域也发生了变化，最大拉应力区域转移到边坡顶部，由此导致坡顶部位出现拉裂缝，并且拉裂缝向下逐步发展并贯通，此时边坡发生了整体破坏，同时在破坏过程中，受应力调整的影响，失稳岩体局部也会出现拉裂缝，最终导致失稳岩体发生解体。

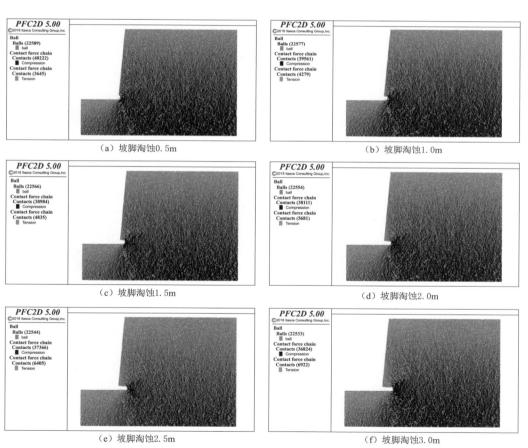

（a）坡脚淘蚀0.5m

（b）坡脚淘蚀1.0m

（c）坡脚淘蚀1.5m

（d）坡脚淘蚀2.0m

（e）坡脚淘蚀2.5m

（f）坡脚淘蚀3.0m

图 5.19 （一） 坡高为 20m 边坡淘蚀过程中的内部力链演化过程

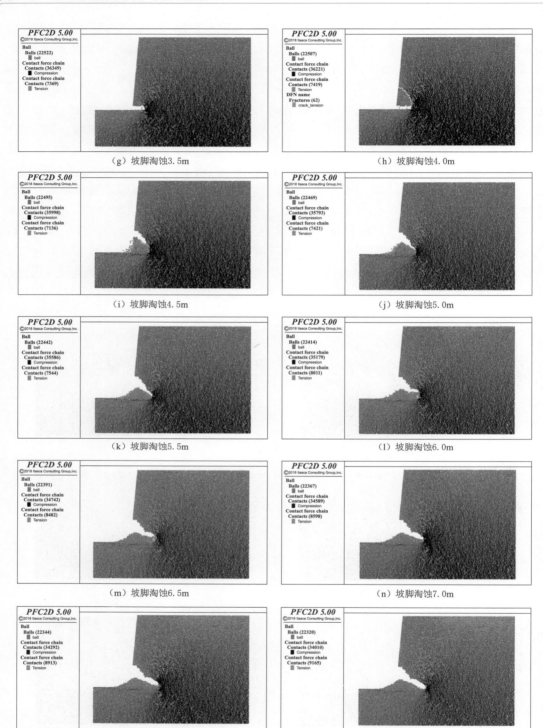

图 5.19（二）　坡高为 20m 边坡淘蚀过程中的内部力链演化过程

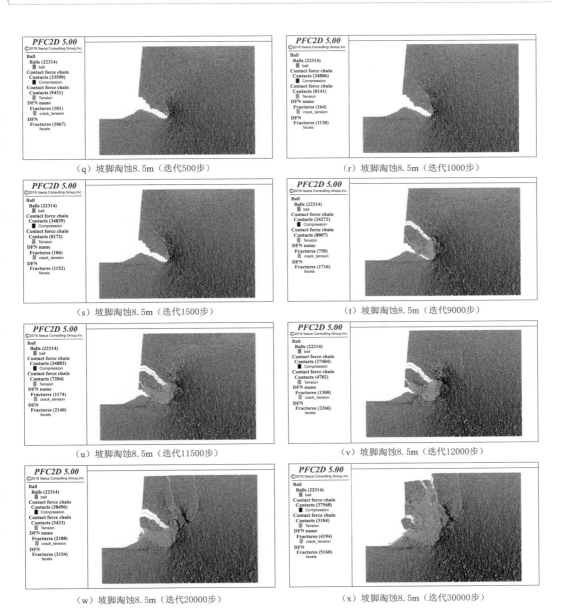

（q）坡脚淘蚀8.5m（迭代500步）　　　　（r）坡脚淘蚀8.5m（迭代1000步）

（s）坡脚淘蚀8.5m（迭代1500步）　　　　（t）坡脚淘蚀8.5m（迭代9000步）

（u）坡脚淘蚀8.5m（迭代11500步）　　　　（v）坡脚淘蚀8.5m（迭代12000步）

（w）坡脚淘蚀8.5m（迭代20000步）　　　　（x）坡脚淘蚀8.5m（迭代30000步）

图 5.19（三）　坡高为20m边坡淘蚀过程中的内部力链演化过程

5.3.3.3　边坡坡高 $H=30\mathrm{m}$

1. 淘蚀过程中边坡位移场及拉裂缝的演化过程

图 5.20 给出了坡高为 30m 边坡在淘蚀过程中位移场和拉裂缝的演化过程。总体上，由图 5.20 可以看出，在坡高为 30m 情况下，随着坡脚不断淘蚀，边坡的整体变形在不断增加，边坡稳定性也在发生变化。当淘蚀深度为 0.5m 时，在淘脚部位开始出现局部破坏，并随着淘蚀深度的继续增加，淘脚部位上部岩体的破坏范围也在不断地增大，并向里发展；当淘蚀深度达到 6.5m 时，边坡由局部的破坏发展到整体失稳。具体而言，由图

5.20（a）～（l）可以看出，受淘脚应力调整的影响，淘蚀深度从 0.5m 开始，淘脚部位已经开始出现小范围的局部破坏，且随着淘蚀深度的增加，淘脚部位上方岩体开始不断出现垮塌，但在淘蚀深度为 6.0m 时，边坡整体仍处于稳定状态；从图 5.20（m）～（x）可以看出，当淘蚀深度增加到 6.5m 时，随着计算迭代步的不断增加，受应力调整影响，淘脚部位的拉裂缝开始不断向临坡面和上部发展并逐渐贯通，边坡开始发生整体失稳；此外，从图 5.20（r）～（x）可以进一步看出，在淘脚部位的拉裂缝在向上发展的同时，受边坡应力调整影响，在坡顶位置还出现了一条近似垂直的拉裂缝，拉裂缝向下发展并逐渐贯通，导致边坡发展整体破坏。

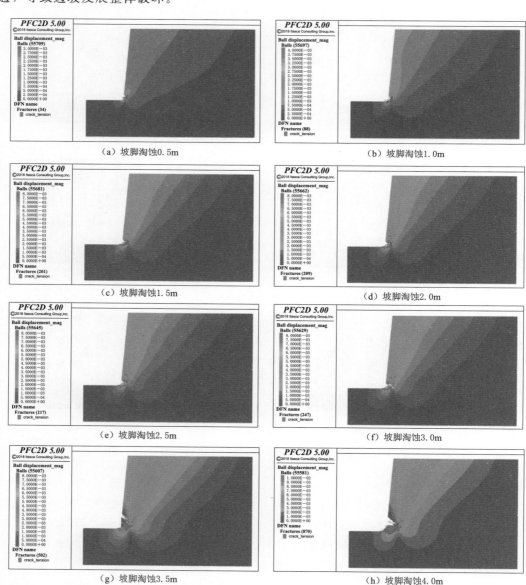

图 5.20（一）　坡高为 30m 边坡淘蚀过程中的位移场及拉裂缝演化过程

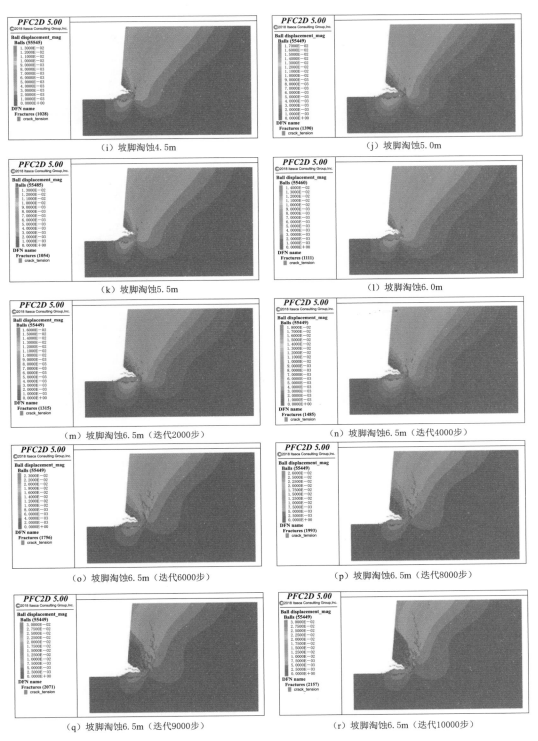

（i）坡脚淘蚀4.5m （j）坡脚淘蚀5.0m

（k）坡脚淘蚀5.5m （l）坡脚淘蚀6.0m

（m）坡脚淘蚀6.5m（迭代2000步） （n）坡脚淘蚀6.5m（迭代4000步）

（o）坡脚淘蚀6.5m（迭代6000步） （p）坡脚淘蚀6.5m（迭代8000步）

（q）坡脚淘蚀6.5m（迭代9000步） （r）坡脚淘蚀6.5m（迭代10000步）

图5.20（二）　坡高为30m边坡淘蚀过程中的位移场及拉裂缝演化过程

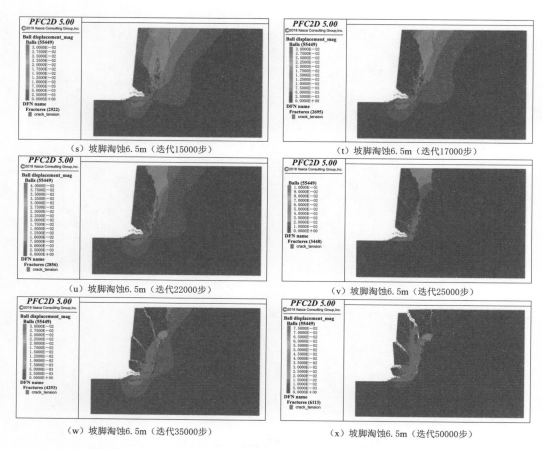

（s）坡脚淘蚀6.5m（迭代15000步）　　　　　（t）坡脚淘蚀6.5m（迭代17000步）

（u）坡脚淘蚀6.5m（迭代22000步）　　　　　（v）坡脚淘蚀6.5m（迭代25000步）

（w）坡脚淘蚀6.5m（迭代35000步）　　　　　（x）坡脚淘蚀6.5m（迭代50000步）

图 5.20（三）　坡高为 30m 边坡淘蚀过程中的位移场及拉裂缝演化过程

2. 淘蚀过程中边坡内部力链的演化过程

图 5.21 给出了坡高为 30m 边坡在淘蚀过程中边坡内部力链的演化过程。由图 5.21 可知，在坡脚淘蚀过程中，受边坡变形和内部应力状态的调整影响，边坡内部拉应力也在发生相应的调整和变化，导致边坡内部最大拉应力区域也发生相应的变化，引起边坡由局部破坏发展为整体破坏。具体而言，在坡高为 30m 情况下，当淘蚀深度为 0.5～6.0m 时，淘蚀过程中坡脚部位的拉应力相对较大，边坡在淘脚部位首先会出现拉裂破坏，随后应力发生调整，边坡内部拉应力较大区域出现在淘脚部位的上方部位，且随着淘蚀深度增加，此部位的拉应力在不断增加，而边坡顶部拉应力相对较小［图 5.21（a）～（l）］；由图 5.21（m）～（x）可以看出，当淘蚀深度为 6.5m 时，在淘脚部位发生破坏后，受应力调整影响，淘脚部位上方拉应力相对较大的部位也开始逐渐出现拉裂破坏，随着应力的调整，引起拉裂缝不断向临坡面和坡顶部位发展，并形成贯通裂缝；由图 5.21（u）～（x）可以进一步看出，随着拉裂缝不断向临坡面和坡顶部位发展，边坡内部最大应力区域开始发生调整，最大拉应力区域逐渐转移到边坡顶部区域，由此导致坡顶部位出现拉裂缝，受应力调整影响，拉裂缝向下逐步发展并贯通，导致边坡发生整体破坏。

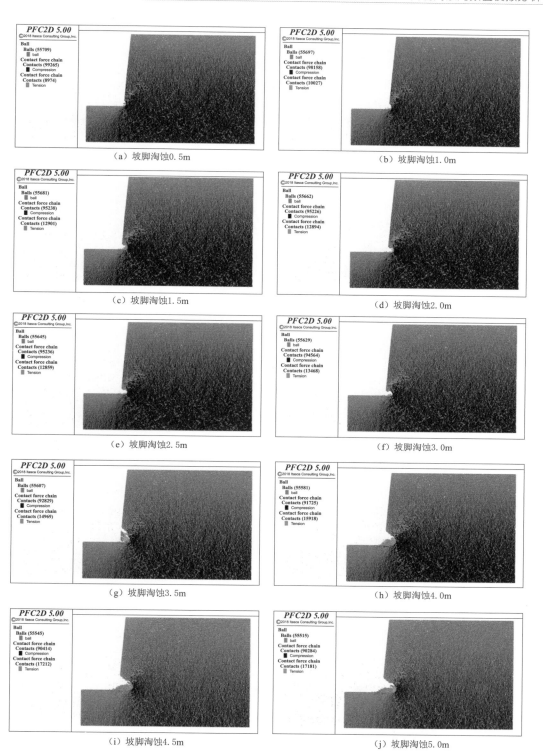

（a）坡脚淘蚀0.5m　　　　　　　　　（b）坡脚淘蚀1.0m

（c）坡脚淘蚀1.5m　　　　　　　　　（d）坡脚淘蚀2.0m

（e）坡脚淘蚀2.5m　　　　　　　　　（f）坡脚淘蚀3.0m

（g）坡脚淘蚀3.5m　　　　　　　　　（h）坡脚淘蚀4.0m

（i）坡脚淘蚀4.5m　　　　　　　　　（j）坡脚淘蚀5.0m

图 5.21（一）　坡高为30m边坡淘蚀过程中的内部力链演化过程

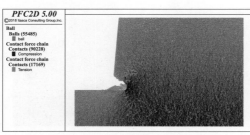

（k）坡脚淘蚀5.5m

（l）坡脚淘蚀6.0m

（m）坡脚淘蚀6.5m（迭代2000步）

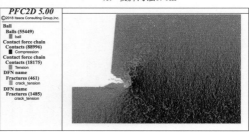

（n）坡脚淘蚀6.5m（迭代4000步）

（o）坡脚淘蚀6.5m（迭代6000步）

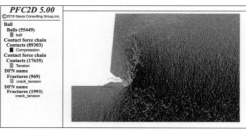

（p）坡脚淘蚀6.5m（迭代8000步）

（q）坡脚淘蚀6.5m（迭代9000步）

（r）坡脚淘蚀6.5m（迭代10000步）

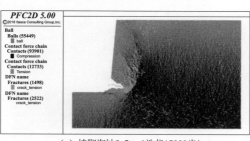

（s）坡脚淘蚀6.5m（迭代15000步）

（t）坡脚淘蚀6.5m（迭代17000步）

图 5.21（二）　坡高为 30m 边坡淘蚀过程中的内部力链演化过程

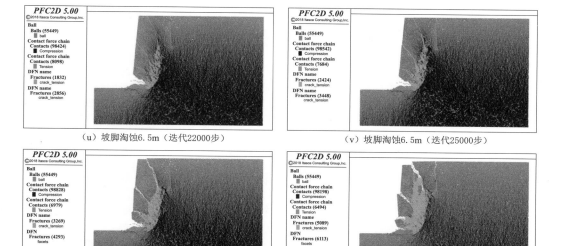

（u）坡脚淘蚀6.5m（迭代22000步）　　　　　（v）坡脚淘蚀6.5m（迭代25000步）

（w）坡脚淘蚀6.5m（迭代35000步）　　　　　（x）坡脚淘蚀6.5m（迭代50000步）

图 5.21（三）　坡高为 30m 边坡淘蚀过程中的内部力链演化过程

5.3.3.4　不同坡高西域砾岩边坡破坏规律分析

根据不同坡高西域砾岩边坡淘蚀数值模拟结果分析可知，对于不同高度边坡，在淘蚀过程中，边坡呈现出了不同的破坏过程和型式。具体来说，对于坡高为 10m 的情况，在淘蚀过程中，边坡顶部区域的拉应力会首先达到岩体的抗拉强度，因此边坡破坏表现为由顶部拉裂破坏并逐步向下发展导致的整体失稳，且边坡整体失稳的最大淘蚀深度为7.0m。对于坡高为 20m 和 30m 的情况，边坡淘蚀破坏规律是一致的，即在淘蚀过程中，由于在初期淘蚀阶段边坡内部最大拉应力主要出现在淘脚部位及其上方区域，且此部位的拉应力会首先达到岩体的抗拉强度，导致边坡先出现局部破坏，且随着淘蚀深度的不断增加，局部破坏范围也在不断扩大，并向里发展；同时随着局部破坏的不断发展，边坡内部最大拉应力区域由淘脚部位及其上方区域逐渐转移到边坡顶部，进而引起边坡顶部出现拉裂缝，并且拉裂缝向下不断发展，最终导致边坡发生了整体的失稳。其中，受坡高影响，在坡高为 20m 情况下，当淘蚀深度达到 4.0m 时，淘蚀部位上部岩体开始出现局部坍塌失稳破坏，且边坡发生整体失稳的最大淘蚀深度为 8.5m；在坡高为 30m 情况下，当淘蚀深度为 3.0m 时，淘蚀部位上部岩体开始出现局部坍塌破坏，边坡发生整体失稳的最大淘蚀深度为 6.5m。

表 5.7 为不同坡高西域砾岩边坡淘蚀破坏规律统计结果。从表 5.7 中可以看出，当坡高为 10m 时，在淘蚀过程中，西域砾岩边坡主要发生整体失稳；当坡高超过 20m 时，在淘蚀过程中，西域砾岩边坡主要表现为先局部失稳破坏后整体失稳破坏，且局部失稳破坏是从淘脚部位开始，并向临空面发展，最终形成贯通裂隙，导致淘蚀部位上方岩体发生局部坍塌破坏。由于不同坡高西域砾岩边坡的破坏过程和破坏型式是不同的，通过对比相同破坏型式的边坡可以看出，对于坡高为 20m 和 30m 的边坡，坡高越大边坡发生局部失稳

和整体失稳的淘蚀深度越小。

表 5.7　　　　　　　　不同坡高西域砾岩边坡淘蚀破坏规律统计结果

坡高 /m	坡度 /(°)	破坏型式	局部失稳和整体失稳的淘蚀深度/m	
			局部失稳	整体失稳
10	85	整体失稳	—	7.0
20	85	先局部失稳后整体失稳	4.0	8.5
30	85	先局部失稳后整体失稳	3.0	6.5

5.3.4　西域砾岩边坡淘蚀破坏的力学机制

总体来讲，西域砾岩岸坡在坡脚淘蚀过程中，受应力重分布的影响，边坡内部拉应力也会发生相应的调整和变化，边坡内部会出现三个拉应力最大的部位，分别为淘脚部位、淘脚部位上方区域以及边坡顶部区域。对于这三个最大拉应力分布区域，哪个区域的拉应力先达到岩体的抗拉强度，这个部位将首先发生破坏，进而引起边坡内部最大拉应力区域的重分布，随着最大拉应力区域的重分布边坡会出现不同的边坡过程和模式，如整体失稳破坏、先局部失稳破坏后整体失稳破坏。根据不同坡高西域砾岩离散元模拟结果来看，对于坡高为 10m 的边坡，在淘蚀过程中，虽然在初期阶段边坡内部最大拉应力分布于淘脚部位及其上方区域，但其值未达到岩体的抗拉强度，边坡没有出现破坏现象；随着淘蚀深度的继续增大，边坡内部最大拉应力出现在坡顶区域，且当淘蚀深度超过某一极限值时，边坡多发生整体式的失稳破坏。当坡高达到 20m 时，在淘蚀初期阶段，虽然边坡内部最大拉应力也是分布于淘脚部位及其上方区域，但当淘蚀深度达到某一极限值时，淘脚部位及其上方区域的拉应力会先达到岩体的抗拉强度，因而这个部位的岩体会首先出现局部的坍塌破坏，而且局部破坏是从淘脚部位向临空面（临坡面和坡顶）发展的；而随着淘蚀深度的继续增加，边坡内部最大拉应力区域逐渐转移到坡顶区域，当淘蚀深度继续增加到某一极限值后，边坡开始发生整体式失稳。

5.4　西域砾岩边坡坡脚软化破坏机制

由于西域砾岩多为泥质、泥钙质胶结，在河水的长期浸泡和淘蚀作用下，胶结物会被水流带走，并形成本书 5.3 节描述的西域砾岩边坡坡脚淘蚀情况。除此之外，根据西域砾岩的成岩特点，边坡一定深度还间断发育一定厚度的夹泥层或者强度较低的泥岩（图 5.22）。水库蓄水后，由于泥岩具有遇水易软化、崩解的特性，加之被水浸泡后西域砾岩自身的岩体强度降低，两岸岸坡陡峭，坡顶处的卸荷裂隙向深部扩展，并最终发生滑塌破坏。在此过程中，边坡顶部出现了近似竖直的拉裂缝，说明泥岩软化侵蚀造成边坡的破坏不仅仅是剪切滑移破坏，还可能存在拉伸破坏（图 5.23）。

为了探究西域砾岩高边坡坡脚侵蚀的破坏模式，以五一水库为例，采用 FLAC - 3D 对西域砾岩边坡的这一变形破坏机理进行了数值模拟。根据西域砾岩边坡陡峻的实际情况，为了便于分析计算，将边坡坡面概化为直线，边坡概化模型左侧边界至坡脚的距离为

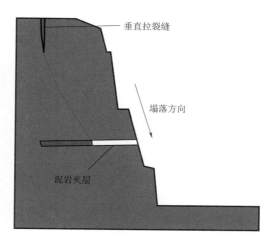

图 5.22 泥岩夹层在五一水库联合进水口
边坡的分布状况

图 5.23 坡脚软化边坡破坏模式示意图

坡高的 1 倍，右侧边界至坡脚的距离为坡高的 2 倍，上下边界的距离为坡高的 2 倍，边坡计算网格剖分如图 5.24 所示。利用 FLAC - 3D 计算时，岩体材料采用 Mohr - Coulomb 理想弹塑性材料，根据相关资料和直剪试验结果，西域砾岩的物理力学参数取值见表 5.8，在模拟天然边坡时会出现计算不收敛的情况，与实际情况不符，因此在实际数值模拟时黏聚力取值为 120kPa。图 5.25 为坡脚侵蚀示意图，随着侵蚀深度的加深，边坡逐渐发生破坏甚至整体失稳。

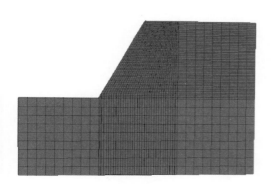

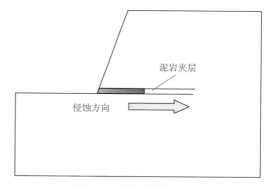

图 5.24 网格剖分

图 5.25 坡脚侵蚀示意图

表 5.8 西域砾岩的物理力学参数取值

序号	材料	摩擦角 φ/(°)	黏聚力 c/kPa	容重/(kN/m³)	饱和容重/(kN/m³)
1	西域砾岩	36	100（80）	25	25
2	砂砾料	36	0	21.5	22

应用图 5.25 所示的泥岩夹层侵蚀模拟步骤，以坡高 40m、坡度 70° 的边坡为典型边坡，研究边坡岩体应力、变形随泥岩夹层侵蚀（软化）深度的变化规律，以及边坡破坏时破坏面位置和变形破坏机理（图 5.26）。

（a）泥岩夹层侵蚀（软化）深度为6m

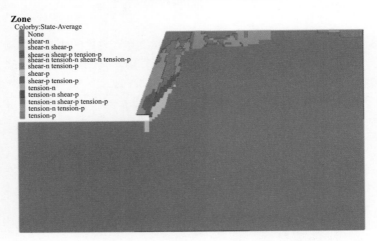

（b）泥岩夹层侵蚀（软化）深度为7m

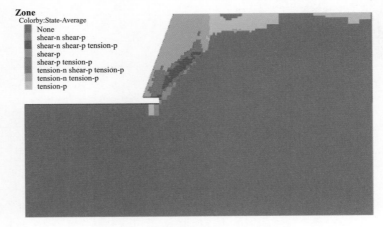

（c）泥岩夹层侵蚀（软化）深度为8m

图 5.26　坡高 40m、坡度 70°不同泥岩夹层侵蚀（软化）深度边坡塑性区分布

　　图 5.26（a）为侵蚀深度为 6m 时边坡的塑性区分布图，可以发现随着侵蚀深度的加深，首先在坡脚和坡顶处出现破坏区，坡顶处以拉张破坏为主；当侵蚀深度为 7m 时 ［图5.26（b）］，塑性区逐渐向边坡上部斜向上扩展；当侵蚀深度为 8m 时 ［图 5.26（c）］，塑性区继续向边坡上部斜向上扩展，同时坡顶塑性区接近垂直向下扩展，上下两部分塑性区连通，最终形成贯通塑性区，在坡顶处看到明显拉张破坏区。

　　当典型边坡的坡高由 40m 增加至 50m，坡度由 70°增加至 75°，其他条件不变时，不同的泥岩夹层侵蚀（软化）深度下边坡竖向位移和塑性区如图 5.27 所示。图 5.27（b）和（d）分别是侵蚀（软化）深度为 1m 和 2m 时的塑性区分布图，在侵蚀（软化）深度为 2m 时塑性区贯通，边坡顶部全部是拉裂破坏区，出现近竖直的拉裂缝，此时的竖向位移如图 5.27（c）所示，边坡形成稳定的滑裂面，与现场观测结果基本一致。

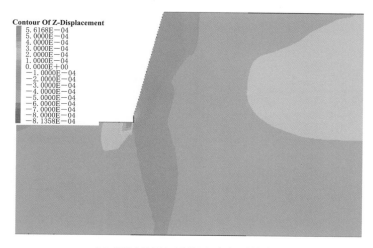

（a）泥岩夹层侵蚀（软化）深度为1m的竖向位移

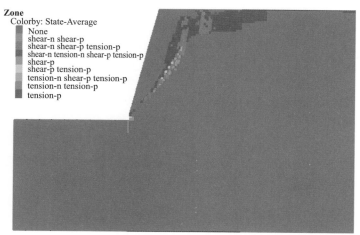

（b）泥岩夹层侵蚀（软化）深度为1m的塑性区

图 5.27（一）　坡高 50m、坡度 75°边坡竖向位移与塑性区分布图

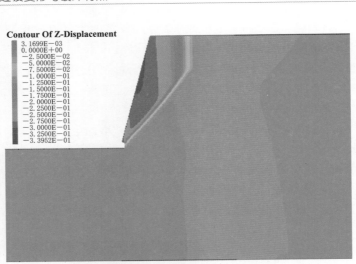

（c）泥岩夹层侵蚀（软化）深度为2m的竖向位移

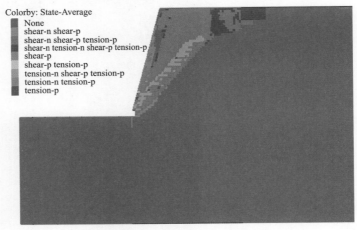

（d）泥岩夹层侵蚀（软化）深度为2m的塑性区

图 5.27（二） 坡高 50m、坡度 75°边坡竖向位移与塑性区分布图

对比图 5.26 和图 5.27 的分析结果发现：不同的坡高和坡度边坡的滑移模式基本类似，在边坡顶部均有近竖直的拉裂缝；当泥岩遇水软化被侵蚀后，坡体在侵蚀面形成卸荷裂隙，坡体稳定性降低。随着坡高和坡度的增加，坡体整体稳定性降低，但由于坡脚侵蚀达到塑性区贯通状态所需要的侵蚀深度越来越小，坡高和坡度的变化对坡脚侵蚀作用下的西域砾岩边坡的稳定性有一定的影响。在坡高 40m、坡度 70°情况下，侵蚀深度为 8m 时从坡脚至坡顶出现贯通的塑性区；而在坡高 50m、坡度 75°情况下，侵蚀深度为 2m 时边坡出现贯通的塑性区。

5.5 小结

通过对莫莫克水利枢纽、五一水库、奴尔水利枢纽、阳霞水库等工程坝址区西域砾岩边坡的现场调查情况可知，西域砾岩自然边坡地形陡峻，倾角一般在 $80°\sim85°$ 之间，其变形破坏类型与传统意义上的土质或岩质边坡沿某一潜在滑动面滑动破坏存在显著差异，通常可概括为两种典型的地质力学模式，即坡脚淘蚀-倾倒型（图 5.11）与坡内泥岩软化-滑移型（图 5.23），其中前一种破坏类型在莫莫克水利枢纽、五一水库、奴尔水利枢纽、阳霞水库等工程广泛分布，后一种破坏类型目前仅出现在五一水库工程。

第6章

西域砾岩边坡稳定分析方法

6.1 坡脚淘蚀–倾倒型的极限平衡法

6.1.1 概化模型

在图 6.1 所示的坡脚淘蚀–倾倒型概化模型中，坡脚淘蚀的坡度概化为水平，BC 为已形成的后缘拉裂缝，AB 为尚未贯通的拉裂缝。坡顶拉裂缝 BC 的位置是不确定的，计算中采用最优化方法搜索 C 点的位置，使倾倒安全系数 F 达到最小值。

6.1.2 关于安全系数的定义

传统的抗滑稳定安全系数 F 是建立在强度储备定义基础上的，即假定滑面的抗剪强度参数 c 与 $\tan\varphi$ 按 F 折减后，边坡处于极限状态：

$$\begin{cases} c_e = c/F \\ f_e = \tan\varphi_e = \tan\varphi/F \end{cases} \tag{6.1}$$

式中：c，φ 分别为黏聚力和摩擦角；c_e，φ_e 分别为按安全系数 F 折减后的黏聚力和摩擦角；f_e 为按安全系数 F 折减后的摩擦系数。

当考虑如图 6.1 所示的坡脚淘蚀–倾倒型西域砾岩边坡稳定问题时，仍沿用了这一思想，即当岩体的抗拉强度 σ_t 按 F 折减后，边坡处于极限状态：

$$\sigma_{te} = \sigma_t/F \tag{6.2}$$

式中：σ_{te} 为 σ_t 按安全系数 F 折减后的值。

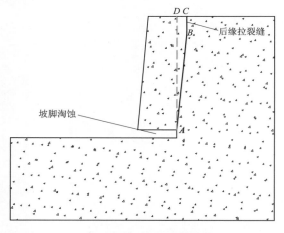

图 6.1 西域砾岩边坡的倾倒概化模型

6.1.3 计算公式

如图 6.1 所示，因拉裂缝 C 点的位置有可能位于 D 点的右侧，也有可能位于 D 点左侧，故分两种模式进行讨论。

6.1.3.1 模式一：C 点位于 D 点右侧

已知边坡的坡高为 h，坡度为 α，坡脚淘蚀深度为 b，拉裂缝深度为 h_1，拉裂缝位置 C 与 D 点的距离为 b_1，并令 O 为坐标原点，y 轴向上，x 轴向右，建立坐标系，如图 6.2（a）所示。

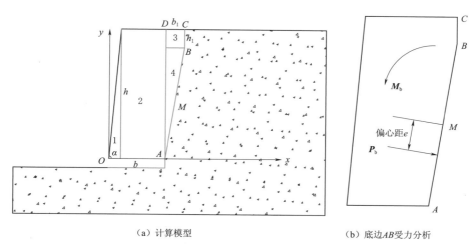

（a）计算模型   （b）底边 AB 受力分析

图 6.2 倾倒分析计算模式一

可以看出，线段 AB 的中点 M 的 x 坐标 $x_M = b + b_1/2$，计算潜在崩塌体对点 M 的力矩 M_b。将崩塌体分为 4 个子区域，各部分的面积与相应的形心点的 x 坐标见表 6.1。

表 6.1   计算模型一中各子区域的面积与形心点 x 坐标

子区域编号	面积 A	形心点 x 坐标 x_c
1	$A_1 = 0.5h^2/\tan\alpha$	$x_{c1} = \dfrac{2}{3}h/\tan\alpha$
2	$A_2 = h(b - h/\tan\alpha)$	$x_{c2} = h/\tan\alpha + 0.5(b - h/\tan\alpha) = 0.5(b + h/\tan\alpha)$
3	$A_3 = b_1 h_1$	$x_{c3} = b + \dfrac{1}{2}b_1$
4	$A_4 = \dfrac{1}{2}b_1(h - h_1)$	$x_{c4} = b + \dfrac{1}{3}b_1$

则使崩塌体发生倾倒的力矩 M_b 的计算公式为

$$M_b = \gamma\left[\frac{1}{2\tan\alpha}h^2\left(b + b_1/2 - \frac{2h}{3\tan\alpha}\right) + \frac{1}{2}h\left(b - \frac{h}{\tan\alpha}\right)\left(b + b_1 - \frac{h}{\tan\alpha}\right) + \frac{1}{12}b_1^2(h - h_1)\right]$$

$$(6.3)$$

如图 6.2（b）所示，以底边 AB 为研究对象，通过对该边进行受力分析，假定承受法向力 P_b 与力矩 M_b，并认为破坏时底面的 B 点达到岩体的抗拉强度 σ_{te}，根据材料力学，有：

$$\sigma_{te} = \frac{M_b}{1/6L^2} - \frac{P_b}{L}$$

$$(6.4)$$

$$\boldsymbol{M}_{\mathrm{b}}=\frac{1}{6}L\left(\sigma_{\mathrm{te}}L+\boldsymbol{P}_{\mathrm{b}}\right)\tag{6.5}$$

式中：L 为底边 AB 的长度。

6.1.3.2　模式二：C 点位于 D 点左侧

倾倒分析计算模式二如图 6.3（a）所示。将潜在崩塌体分为 3 个子区域，各子区域的面积与形心点的 x 坐标见表 6.2。

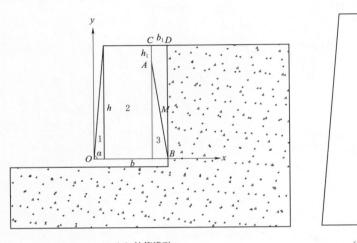

（a）计算模型　　　　　　　　　　　　　（b）底边受力分析

图 6.3　倾倒分析计算模式二

表 6.2　　　　　　　　　　计算模型二中各子区域的面积与形心点 x 坐标

子区域编号	面积 A	形心点 x 坐标 x_{c}
1	$A_1=0.5h^2/\tan\alpha$	$x_{\mathrm{c}1}=\dfrac{2}{3}h/\tan\alpha$
2	$A_2=h(b-h/\tan\alpha-b_1)$	$x_{\mathrm{c}2}=0.5(b+h/\tan\alpha-b_1)$
3	$A_3=\dfrac{1}{2}b_1(h-h_1)$	$x_{\mathrm{c}3}=b-\dfrac{2}{3}b_1$

线段 AB 中点 M 的 x 坐标 $x_{\mathrm{M}}=b-b_1/2$，则崩塌体对线段 AB 的中点 M 的力矩 $\boldsymbol{M}_{\mathrm{b}}$ 的计算公式为

$$\boldsymbol{M}_{\mathrm{b}}=\gamma\left[\frac{h^2}{2\tan\alpha}\left(b-\frac{1}{2}b_1-\frac{2h}{3\tan\alpha}\right)+\frac{1}{2}h(b-h/\tan\alpha-b_1)\left(b-\frac{h}{\tan\alpha}\right)+\frac{1}{12}b_1^2(h-h_1)\right]\tag{6.6}$$

如图 6.3（b）所示，以底边 AB 为研究对象，通过对该边进行受力分析，假定承受法向力 $\boldsymbol{P}_{\mathrm{b}}$ 与弯矩 $\boldsymbol{M}_{\mathrm{b}}$，并认为破坏时底面的 B 点达到岩体的抗拉强度 σ_{te}，根据材料力学，有：

$$\sigma_{\mathrm{te}}=\frac{\boldsymbol{M}_{\mathrm{b}}}{1/6L^2}+\frac{\boldsymbol{P}_{\mathrm{b}}}{L}\tag{6.7}$$

$$\boldsymbol{M}_{\mathrm{b}}=\frac{1}{6}L\left(\sigma_{\mathrm{te}}L-\boldsymbol{P}_{\mathrm{b}}\right)\tag{6.8}$$

式中：L 为底边 AB 的长度。

6.1.4 倾倒稳定分析计算结果

采用上述计算方法，对坡高 $h=10$m、20m、30m，坡度 $\alpha=85°$的三种情况进行了稳定分析，并讨论了不同的淘蚀深度 b 和拉裂缝深度 h_1 对倾倒稳定性的影响。稳定分析计算中西域砾岩抗拉强度 $\sigma_t=450$kPa，其他参数见表 6.3～表 6.5。

表 6.3～表 6.5 分别列出了西域砾岩边坡的坡高 h 分别为 10m、20m、30m 时的倾倒稳定分析成果，从计算结果可以看出：

（1）对于计算模式一，采用最优化方法搜索获得的拉裂缝位置点 C 位于 D 点右侧；对于计算模式二，采用最优化方法搜索获得的拉裂缝位置点 C 与 D 重合。

（2）对于两种计算模式，采用计算模式一获得的边坡倾倒安全系数较计算模式二要小，表明发生整体崩塌时的破裂面位于淘蚀点 B 的右侧，这一计算结果与数值模型是一致的。

（3）随着淘蚀深度 b 的增加，边坡的倾倒安全系数也随之降低；同样地，随着后缘拉裂缝深度 h_1 的增加，边坡的倾倒安全系数也随之降低。

表 6.3　　坡高 $h=10$m 时的倾倒稳定分析结果

计算模式	后缘拉裂缝深度 h_1/m	淘蚀深度 b/m				
		2.0	4.0	6.0	8.0	10.0
		安全系数				
模式一	0.0	>5.0	3.02	1.51	0.89	—
	2.0	>5.0	2.26	1.05	0.61	—
	4.0	>5.0	1.41	0.63	—	—
	6.0	3.01	0.68	—	—	—
	8.0	0.86	—	—	—	—
模式二	0.0	>5.0	4.70	1.93	1.05	0.66
	2.0	>5.0	3.01	1.24	0.67	—
	4.0	>5.0	1.69	0.69	—	—
	6.0	3.83	0.75	—	—	—
	8.0	0.96	—	—	—	—

表 6.4　　坡高 $h=20$m 时的倾倒稳定分析结果

计算模式	后缘拉裂缝深度 h_1/m	淘蚀深度 b/m					
		2.0	4.0	6.0	8.0	10.0	12.0
		安全系数					
模式一	0.0	>5.0	>5.0	2.52	1.51	1.04	0.76
	2.0	>5.0	>5.0	2.24	1.33	0.89	—
	4.0	>5.0	4.56	1.93	1.13	0.74	—
	6.0	>5.0	3.75	1.60	0.91	—	—

续表

计算模式	后缘拉裂缝深度 h_1/m	淘蚀深度 b/m					
		2.0	4.0	6.0	8.0	10.0	12.0
		安全系数					
模式一	8.0	>5.0	2.95	1.26	0.71	—	—
	10.0	>5.0	2.20	0.92	—	—	—
	12.0	>5.0	1.50	0.62	—	—	—
	14.0	>5.0	0.90	—	—	—	—
模式二	0.0	>5.0	>5.0	4.52	2.35	1.44	0.97
	2.0	>5.0	>5.0	3.66	1.90	1.16	0.78
	4.0	>5.0	>5.0	2.89	1.50	0.92	—
	6.0	>5.0	>5.0	2.22	1.15	0.70	—
	8.0	>5.0	>5.0	1.63	0.85	—	—
	10.0	>5.0	2.99	1.13	0.58	—	—
	12.0	>5.0	1.91	0.72	—	—	—
	14.0	>5.0	1.08	0.40	—	—	—

表 6.5　　坡高 $h=30m$ 时的倾倒稳定分析结果

计算模式	后缘拉裂缝深度 h_1/m	淘蚀深度 b/m						
		4.0	6.0	8.0	10.0	12.0	14.0	16.0
		安全系数						
计算模式一	0.0	>5.0	4.01	2.13	1.38	1.00	—	—
	2.0	>5.0	3.72	1.98	1.28	0.93	—	—
	4.0	>5.0	3.39	1.80	1.17	0.84	—	—
	6.0	>5.0	3.04	1.62	1.06	0.75	—	—
	8.0	>5.0	2.68	1.44	0.93	—	—	—
	10.0	>5.0	2.32	1.26	0.81	—	—	—
	12.0	>5.0	1.97	1.07	0.68	—	—	—
	14.0	4.41	1.63	0.88	—	—	—	—
	16.0	3.51	1.31	0.70	—	—	—	—
计算模式二	0.0	>5.0	>5.0	3.97	2.36	1.57	1.11	0.83
	2.0	>5.0	4.96	3.46	2.06	1.36	0.97	—
	4.0	>5.0	4.35	2.98	1.78	1.18	0.84	—
	6.0	>5.0	3.71	2.54	1.51	1.00	—	—
	8.0	>5.0	3.09	2.14	1.27	0.84	—	—
	10.0	>5.0	2.51	1.77	1.05	0.69	—	—
	12.0	>5.0	2.87	1.43	0.85	—	—	—
	14.0	>5.0	2.27	1.13	0.67	—	—	—
	16.0	>5.0	1.74	0.86	—	—	—	—

6.2　坡脚淘蚀-倾倒型的极限分析下限法

针对西域砾岩高边坡坡脚淘蚀-倾倒型的破坏模式,本节基于潘家铮最大最小原理,提出了一种确定破坏机构边坡极限分析下限法。该方法以块体界面作用力的大小、方向和作用点为变量体系,以求解安全系数最大值为目标函数,以满足下限定理许可静力场要求的静力平衡和屈服准则为约束条件,在不引入除刚性块体以外的其他假定的前提下将边坡稳定分析问题转化为优化求解问题,通过非线性数学规划求解边坡安全系数。该方法不仅弥补了传统极限平衡法理论基础不够严密的缺陷,而且克服了优化求解难度高的不足,提高了边坡稳定性计算精度,为坡脚淘蚀-倾倒型边坡破坏类型提供了另外一种解题思路。

6.2.1　计算方法

6.2.1.1　分析原理

基于潘家铮最大最小原理的边坡稳定性优化求解方法包括如下步骤:①根据实际边坡尺寸、地质条件,建立包含地层岩性、风化程度、结构面分布等特征的西域砾岩边坡模型;②以模型界面作用力的大小、方向和作用点为变量体系,建立满足下限定理许可静力场要求的约束方程,包括静力平衡方程、不违反屈服准则的约束不等式等;③以安全系数最大值为目标函数,以满足下限定理许可静力场要求的约束方程为约束条件,形成边坡稳定分析下限解的优化模型;④通过现有成熟的优化求解算法,求解边坡安全系数。计算模型如图6.4所示。

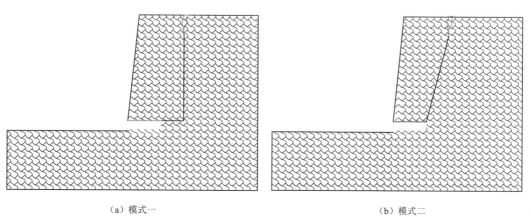

（a）模式一　　　　　　　　　　　　　　　（b）模式二

图6.4　计算模型

6.2.1.2　变量体系

在基于潘家铮最大最小原理的边坡稳定性优化求解方法中,变量体系主要包括:

(1) 边坡稳定安全系数。边坡稳定安全系数 F 采用强度储备法定义,如式(6.1)。

(2) 块体界面作用力。块体界面作用力包括法向力 N_i 和切向力 T_i,其量值为 N_i 和 T_i。为描述界面力的方向特性,在每条界面上建立了局部坐标系,以界面内法线方向为

N 轴正向，方向矢量为 $\boldsymbol{n}_i$；T 轴与该边界线重合，方向矢量为 $\boldsymbol{t}_i = lz \times \boldsymbol{n}_i$，其中 $lz = (0, 0, 1)$，如图 6.5 所示黑色线段。则界面作用力矢量可用式（6.9）表示：

$$\begin{cases} \boldsymbol{T}_i = T_i \times \boldsymbol{t}_i \\ \boldsymbol{N}_i = N_i \times \boldsymbol{n}_i \end{cases} \tag{6.9}$$

根据上述定义，对于滑体和基岩交界面上 N_i、T_i 大小相等、方向相反（作用力与反作用力的关系），此时共用界面上的界面力也只需一组变量 N_i、T_i。

（3）界面力作用点。为减少变量数量，在描述界面力作用点时引入了线段比例系数 r_i 的概念（图 6.5），作用点坐标 $\boldsymbol{r}_i (x_{ri}、y_{ri})$ 可以根据该界面起点 $\boldsymbol{P0}_i (x_{0i}、y_{0i})$ 和终点 $\boldsymbol{P1}_i (x_{1i}、y_{1i})$ 坐标，由式（6.10）求得。

$$\begin{cases} x_{ri} = x_{0i}(1-r_i) + x_{1i}r_i \\ y_{ri} = y_{0i}(1-r_i) + y_{1i}r_i \end{cases} \tag{6.10}$$

也可表示为

$$\boldsymbol{R}_i = \boldsymbol{P0}_i(1-r_i) + \boldsymbol{P1}_i r_i \tag{6.11}$$

其中，$0 \leqslant r_i \leqslant 1$。

综合以上结果，本文提出的极限分析下限法中变量总数为 $3m+1$，m 为滑体和基岩交界面上所有界面线段数的总和。需要指出的是，在本节分析方法中，除了上述变量外，还有如块体重力 G_j、外部荷载 Q_k 等已知量，会在约束方程中体现。

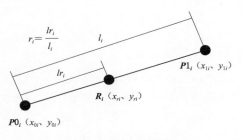

图 6.5　作用点示意图

6.2.1.3　约束条件

根据极限分析下限定理，一个许可的静力场必须同时满足静力平衡条件和不违反屈服准则，据此可建立二维边坡稳定下限解优化模型的约束条件。

1. 块体静力平衡条件

计算中需要保证模型力系平衡，力系平衡的充分必要条件是力系中各力在两个坐标轴上投影的代数和为 0，且各力对任一点的力矩之和为 0。

$$\left[\sum_{l=1}^{Bl} (\boldsymbol{N}^l + \boldsymbol{T}^l) + \sum_{k=1}^{Bk} \boldsymbol{Q}^k + \boldsymbol{G} \right] \cdot lp = 0 \tag{6.12}$$

式中：$\boldsymbol{N}^l$、$\boldsymbol{T}^l$ 分别为块体第 l 界面上的法向力、切向力；$\boldsymbol{Q}^k$ 为块体上第 k 个外部荷载；$\boldsymbol{G}$ 为块体重力；lp 为投影轴方向矢量；Bl 为块体内边界总数；Bk 为作用在块体上的外荷载总数。

图 6.6（a）显示了模型在静力平衡方程中各界面力编号与块分系统整体编号的对应关系，图 6.6（b）则为模型在 x-y 坐标系内的平衡关系。在二维问题中投影轴可取为整体坐标的 x 轴和 y 轴，此时有：

$$lp \begin{cases} lx = (1, 0, 0) \\ ly = (0, 1, 0) \end{cases} \tag{6.13}$$

模型中各力对块体内任意点 M 的力矩平衡可以表示为（图 6.7）

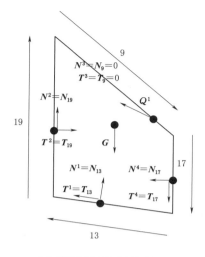

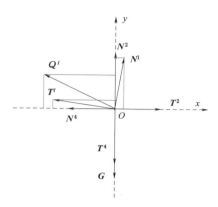

（a）平衡方程中界面力编号的定义　　　　（b）块体上各力在 x、y 方向的平衡关系

图 6.6　力的平衡示意图

$$\left[\sum_{l=1}^{Bl} \boldsymbol{RF}^l \times (\boldsymbol{N}^l + \boldsymbol{T}^l) + \sum_{k=1}^{Bk} \boldsymbol{RQ}^k \times \boldsymbol{Q}^k + \boldsymbol{RG} \times \boldsymbol{G}\right] \cdot \boldsymbol{lm} = 0 \qquad (6.14)$$

式中：$\boldsymbol{lm} = (0，0，1)$ 为与力系平面垂直轴的方向导数；$\boldsymbol{RQ}^k$ 为块体上第 k 个外部荷载作用点到 M 的力臂矢量；$\boldsymbol{RG}$ 为重心到 M 的力臂矢量；$\boldsymbol{RF}^l$ 为块体第 l 界面上力作用点到 M 的力臂矢量。

根据图 6.7 中块体上各力作用点矢量（$\boldsymbol{PQ}^k$、$\boldsymbol{PG}$、$\boldsymbol{R}^l$）和力臂矢量的关系可知：

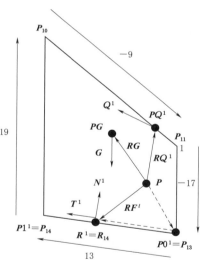

$$\boldsymbol{RQ}^k = \boldsymbol{PQ}^k - \boldsymbol{M} \qquad (6.15)$$

$$\boldsymbol{RG} = \boldsymbol{PG} - \boldsymbol{M} \qquad (6.16)$$

$$\boldsymbol{RF}^l = \boldsymbol{R}^l - \boldsymbol{M} \qquad (6.17)$$

将式（6.17）中 $\boldsymbol{R}^l$ 用式（6.11）计算，有：

$$\boldsymbol{RF}^l = \boldsymbol{P0}^l(1 - r^l) + \boldsymbol{P1}^l r^l - \boldsymbol{M} = (\boldsymbol{P1}^l - \boldsymbol{P0}^l)r^l$$
$$+ (\boldsymbol{P0}^l - \boldsymbol{M}) \qquad (6.18)$$

图 6.7　力矩的平衡示意图

其中，r^l 为第 l 界面力作用点处的线段比例系数。

利用上述关系，式（6.15）可进一步转化为

$$\left\{\sum_{l=1}^{Bl}\left[N^l r^l (\boldsymbol{P1}^l - \boldsymbol{P0}^l) \times \boldsymbol{n}^l + N^l (\boldsymbol{P0}^l - \boldsymbol{M}) \times \boldsymbol{n}^l + T^l (\boldsymbol{P0}^l - \boldsymbol{M}) \times \boldsymbol{t}^l\right] + \right.$$

$$\left. \sum_{k=1}^{Bk}(\boldsymbol{PQ}^k - \boldsymbol{M}) \times \boldsymbol{Q}^k + (\boldsymbol{PG} - \boldsymbol{M}) \times \boldsymbol{G}\right\} \cdot \boldsymbol{lm} = 0 \qquad (6.19)$$

在实际应用中，M 可取为块体重心，式（6.19）可进一步简化为

$$\left\{ \sum_{l=1}^{Bl} \left[N^l r^l (P1^l - P0^l) \times n^l + N^l (P0^l - PG) \times n^l + T^l (P0^l - PG) \times t^l \right] + \right.$$
$$\left. \sum_{k=1}^{Bk} (PQ^k - PG) \times Q^k \right\} \cdot lm = 0 \tag{6.20}$$

2. 不违反屈服准则约束条件

每一个块体在边界面上的作用力应不违反摩尔-库仑屈服准则，如式（6.13）所示：

$$|T_i| < \frac{N_i \tan\varphi_i}{F} + \frac{c_i l_i}{F} \tag{6.21}$$

式中：φ_i、c_i 分别为界面强度参数内摩擦角和黏聚力；l_i 为界面长度。

除边坡轮廓界面外，不等式方程与各界面一一对应。

为避免不等式约束方程中出现绝对值给优化求解带来的困难，可将式（6.21）等效转化为

$$\begin{cases} -\dfrac{N_i \tan\varphi_i}{F} - \dfrac{c_i l_i}{F} < T_i \\[2mm] T_i < \dfrac{N_i \tan\varphi_i}{F} + \dfrac{c_i l_i}{F} \end{cases} \tag{6.22}$$

3. 其他约束条件

为反映岩土体拉压特性，采用了式（6.23）所示的约束条件，当 $N_i > 0$ 时，岩土体受压；当 $0 > N_i > -\sigma_t/F$ 时，岩土体受拉并且不大于抗拉强度：

$$N_i \geqslant -\sigma_t/F \tag{6.23}$$

同时，为保证界面作用力不会超出块体界面线段范围，还需附加如下约束条件：

$$0 \leqslant r_i \leqslant 1 \tag{6.24}$$

综合上述分析成果，可将边坡稳定分析下限解归结为以式（6.25）为目标函数，以式（6.12）、式（6.14）、式（6.20）、式（6.22）、式（6.23）和式（6.24）为约束方程的标准优化模型。

$$f = \max(F) \tag{6.25}$$

该模型可通过现有成熟的优化软件（如 LINGO、R 软件等）进行求解，具体计算流程如图 6.8 所示。

6.2.2　计算结果

6.2.2.1　淘蚀深度对边坡稳定性的影响

为充分了解淘蚀深度对边坡稳定性的影响，对不同边坡高度（10m、20m、30m）和不同淘蚀深度进行敏感性分析。计算模型及计算方案如图 6.9 所示，图中 H_1 为拉裂缝深度，取为 2m；H 为边坡高度，分别取 10m、20m 和 30m；L 为边坡坡脚淘蚀深度，在 4～20m 范围内按 2m 间隔取值。

图 6.8 计算流程图

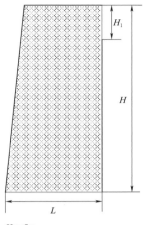

$H_1=2m$
$H=10m$、$20m$、$30m$
$L=4m$、$6m$、$8m$、$10m$、$12m$、$14m$、
$16m$、$18m$、$20m$

图 6.9 淘蚀深度影响研究计算模型与计算方案

不同边坡高度和不同淘蚀深度的边坡安全系数统计见表 6.6。由表 6.6 中的计算成果可知，在当前失稳模式和安全系数条件下，边坡安全系数随着淘蚀深度和边坡高度的变化规律主要表现为：①不同边坡高度条件下均表现为随着边坡坡脚淘蚀深度的增大而减小，符合一般规律；②边坡高度为 10m 时，当淘蚀深度达到 12m 时安全系数小于 1，边坡处于失稳状态；③当边坡高度 20m 时，淘蚀深度达到 20m 时安全系数小于 1，边坡处于失稳状态；④当边坡高度 30m 时，淘蚀深度达到 20m 安全系数为 1.54，边坡仍处于稳定状态。

表 6.6 不同边坡高度和不同淘蚀深度的边坡安全系数统计表

边坡高度/m	淘 蚀 深 度/m								
	4	6	7	10	12	14	16	18	20
	安全系数								
10	9.85	4.05	2.19	1.37	0.94	0.68	0.51	0.41	0.33
20	90.76	32.68	12.62	4.28	4.01	1.94	1.46	1.14	0.91
30	39.37	22.58	11.91	7.10	4.70	3.34	2.50	1.93	1.54

6.2.2.2 后缘拉裂缝深度对边坡稳定性的影响

为了解后缘拉裂缝深度对边坡稳定性的影响，对不同边坡高度（10m、20m、30m）和不同后缘拉裂缝深度进行敏感性分析。计算模型及计算方案如图 6.10 所示，图中 H_1 为拉裂缝深度，分别在 0～8m 范围内按 1m 间隔取值；H 为边坡高度，分别取为 10m、20m 和 30m；L 为边坡坡脚淘蚀深度，取为 10m。

不同边坡高度和不同拉裂缝深度的边坡安全系数统计见表 6.7。由表 6.7 可知，在当前失稳模式和安全系数条件下，边坡安全系数随着拉裂缝深度和边坡高度的变化规律主要表现为：①不同边坡高度条件下均表现为随着拉裂缝深度的增大而减小，符合一般规律；②当边坡高度为10m时，拉裂缝深度为0m的安全系数为2.29，拉裂缝深度为8m的安全系数为0.15，降低到无裂缝时的1/15；③当边坡高度为20m时，拉裂缝深度为0m的安全系数为5.44，拉裂缝深度为8m的安全系数为1.64，降低到无裂缝时的1/3；④当边坡高度为30m时，拉裂缝深度为0m的安全系数为8.23，裂缝深度为8m的安全系数为4.30，降低到无裂缝时的1/2。

6.2.2.3　后缘拉裂缝位置对边坡稳定性的影响

为了解拉裂缝位置对边坡稳定性的影响，对不同边坡高度（10m、20m、30m）和不同拉裂缝位置进行敏感性分析。计算模型及计算方案如图6.11所示，图中H_1为拉裂缝深度，取2m；H为边坡高度，分别考虑边坡高度为10m、20m和30m；L为边坡坡脚淘蚀深度，取10m；D为拉裂缝距离坡脚淘蚀点的水平距离，在$-4\sim4$m范围内按1m间隔取值，$D<0$说明拉裂缝位于靠近坡面一侧，$D>0$说明拉裂缝位于远离坡面一侧。

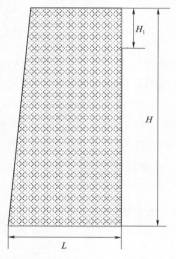

$H_1=0$m、1m、2m、3m、4m、5m、6m、7m、8m
$H=10$m、20m、30m
$L=10$m

图6.10　拉裂缝深度影响研究计算
模型与计算方案

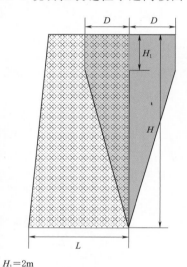

$H_1=2$m
$H=10$m、20m、30m
$L=10$m
$D=-4$m、-3m、-2m、-1m、0m、1m、2m、3m、4m

图6.11　拉裂缝位置影响研究计算模型
与计算方案

表6.7　　　　　　　不同边坡高度和不同拉裂缝深度的边坡安全系数统计表

边坡高度 /m	拉裂缝深度/m								
	0	1	2	3	4	5	6	7	8
	安全系数								
10	2.29	1.80	1.37	1.03	0.71	0.44	0.40	0.19	0.15
20	5.44	4.87	4.28	3.73	3.22	2.76	2.34	1.97	1.64
30	8.23	7.68	7.10	6.55	6.03	5.55	5.10	4.68	4.30

不同边坡高度和不同拉裂缝位置的边坡安全系数统计见表6.8。由表6.8可知，在当前失稳模式和安全系数条件下，边坡安全系数随着拉裂缝深度和边坡高度的变化规律主要表现为：①不同边坡高度条件下均表现为水平方向离开挖最深点的距离越远，安全系数越大；②当边坡高度为10m时，拉裂缝位置为0m的安全系数为1.37，拉裂缝位置为4m的安全系数为1.97，增大了0.6；③当边坡高度为20m时，拉裂缝位置为0m的安全系数为4.01，拉裂缝位置为4m的安全系数为4.55，增大了0.53；④当边坡高度为30m时，拉裂缝位置为0m的安全系数为4.40，拉裂缝位置为4m的安全系数为5.12，增大了0.72；⑤该失稳模式下边坡首先沿着$D=0$的位置发生破坏。

表 6.8   **不同边坡高度和不同拉裂缝位置的边坡安全系数统计表**

边坡高度 /m	拉 裂 缝 位 置/m								
	-4	-3	-2	-1	0	1	2	3	4
	安 全 系 数								
10	1.97	1.73	1.57	1.47	1.37	1.47	1.57	1.73	1.97
20	4.55	4.30	4.14	4.04	4.01	4.04	4.14	4.30	4.55
30	5.04	4.72	4.55	4.44	4.40	4.44	4.57	4.76	5.12

6.2.2.4 失稳模式对后缘拉裂缝位置的影响

拉裂缝位置不同可能形成不同的破坏模式，为充分了解失稳模式对拉裂缝位置的影响，对不同高度和不同拉裂缝位置进行敏感性分析。计算模型及计算方案如图6.12所示，图中H_1为拉裂缝深度，取2m；H为边坡高度，分别取10m、20m和30m；L为边坡坡脚淘蚀深度，取10m；D为拉裂缝距坡脚淘蚀点的水平距离，在1～9m范围内按1m间隔取值。

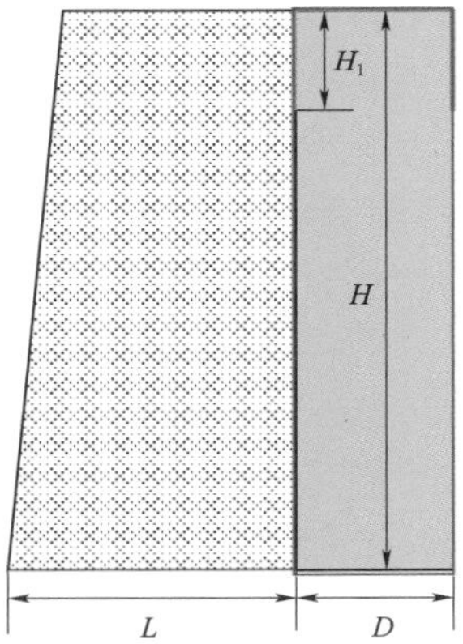

不同边坡高度和不同拉裂缝位置的边坡安全系数统计见表6.9。由表6.9可知，在当前失稳模式和安全系数条件下，边坡安全系数随着拉裂缝位置和边坡高度的变化规律主要表现为：①不同边坡高度条件下均表现为水平方向离开挖最深点的距离越远，安全系数越大；②当边坡高度为10m时，拉裂缝位置为0m的安全系数为1.37，拉裂缝位置为9m的安全系数为168.80；③当边坡高度为20m时，拉裂缝位置为0m的安全系数为4.01，拉裂缝位置为9m的安全系数为876.62；④当边坡高度为30m时，拉裂缝位置为0m的安全系数为4.40，拉裂缝位置为9m的安全系数为无穷大；⑤该失稳模式下边坡首先沿着$D=0$的位置发生破坏。

$H_1=2m$
$H=10m、20m、30m$
$L=10m$
$D=1m、2m、3m、4m、5m、6m、7m、8m、9m$

图 6.12 拉裂缝位置影响研究计算模型与计算方案

表 6.9 不同边坡高度和不同拉裂缝位置的边坡安全系数统计表

边坡高度/m	拉裂缝位置/m									
	0	1	2	3	4	5	6	7	8	9
	安全系数									
10	1.37	3.66	5.94	8.57	11.83	16.19	22.65	33.72	58.30	168.80
20	4.01	6.93	9.73	13.12	17.50	23.69	33.50	52.09	102.63	876.62
30	4.40	10.77	14.13	17.65	24.00	32.38	45.41	76.78	189.70	$+\infty$

6.3 泥岩软化-滑移型的稳定分析方法

6.3.1 问题的提出

根据地质资料，五一水库联合进水口分布的地层主要为：上部为第三系上新统秋里塔克组砂质泥岩与砂砾岩，下部为第四系下更新统西域砾岩（Q_1）及中～上更新统松散冲积物（$Q_2 \sim Q_4$）。其中第三系泥岩夹层（N_2q）在五一水库联合进水口左右侧边坡的中下部有出露，对边坡稳定性有影响的泥岩主要有两层，厚度约为 0.5～1.0m，为第三系与第四系的标志性分界（图 5.22）。第三系泥岩（N_2q）因形成时代较新，处于欠胶结状态，单轴抗压强度小于 1MPa，软化系数在 0.05～0.08 之间，因而泥岩遇水后其强度基本丧失。水库蓄水后进水口大部分位于正常蓄水位以下，因此在水库正常运行过程中，位于浅表层部位的泥岩夹层因浸水软化，随之发生崩解，导致其上部的西域砾岩失去支撑而处于临空状态。在自重作用下，处于临空状态的岩体首先在后缘表层出现拉裂缝，随着拉裂缝深度的进一步加大，最终滑坡体内部的滑裂面贯通而导致失稳。

针对这一坡脚泥岩遇水软化可能导致坡体失稳这一滑移模式，假定进水口边坡某一深度范围内的泥岩浸水软化，其抗剪、抗压强度设置为 0。同时将泥岩概化为厚度约 2m 的夹泥层，其产状为 85°/SE ∠17°，并对浸水深度 h 进行敏感性分析。

计算方法采用极限平衡法，并假定滑裂面为直线滑裂面，根据剪出口的位置考虑三种滑移模式的稳定状况（图 6.13），同时计算时还采用最优化方法搜索最小安全系数对应的最危险滑体。剖面 1—1 的空间位置如图 6.14 所示。

根据有关资料，微风化饱和状态条件下西域砾岩单轴抗压强度的建议值为 1.42MPa。稳定分析时，西域砾岩的抗拉强度 σ_t 取其单轴抗压强度的 1/10～1/20，为 71kPa。为研究夹泥层的不同软化深度 b 对上部岩体稳定性的影响，计算时主要对 $b=3$m、5m、10m、15m 等四种情况进行复核。此外，计算时只考虑正常蓄水位工况，对其他工况不予计算。

6.3.2 计算原理

当进水口边坡下部泥岩夹层浸水软化导致其强度降低时，其上部的岩体存在两种可能的破坏模式，即剪切破坏与拉伸破坏，如图 6.15 所示。

对于剪切破坏（即 $\alpha \leqslant 90°$），其抗剪安全系数 F 的计算公式为

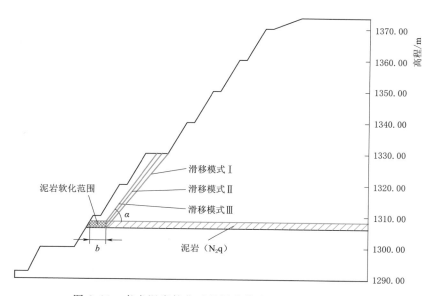

图 6.13 考虑泥岩软化时的滑移模式对应的滑面位置图

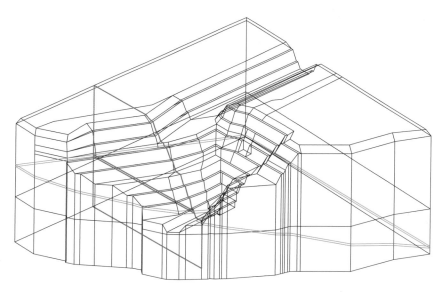

图 6.14 剖面 1—1 的空间位置图

$$F = \frac{fW\cos\alpha + cL}{W\sin\alpha} \tag{6.26}$$

对于拉伸破坏（即 $\alpha > 90°$），其抗拉安全系数 F 的计算公式为

$$F = \frac{\sigma_t L}{W} \tag{6.27}$$

式中：f，c 为底滑面的抗剪强度指标；W 为滑体自重；L 为破坏面长度；σ_t 为岩体单轴抗拉强度；α 为滑面倾角。

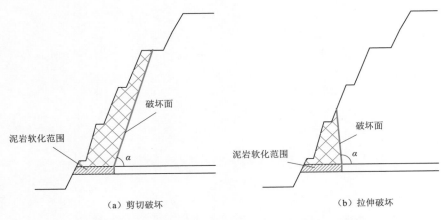

（a）剪切破坏　　　　　　　　　　　　　　（b）拉伸破坏

图 6.15　进水口边坡考虑泥岩软化时的两种破坏模式

6.3.3　计算成果

泥岩不同软化深度 b 对应的计算结果见表 6.10，$b=15\text{m}$ 时搜索得到的破坏面位置如图 6.16 所示。

表 6.10　　　　　　　　　　　　泥岩不同软化深度 b 对应的计算结果

软化范围/m	滑　移　模　式		破坏面倾角 $\alpha/(°)$	F
$b=3$	滑移模式 I	剪切破坏	34.2	2.17
		拉伸破坏	90.1	2.19
	滑移模式 II		34.9	2.11
	滑移模式 III		35.5	2.05
$b=5$	滑移模式 I	剪切破坏	35.7	2.07
		拉伸破坏	124.2	2.03
	滑移模式 II		36.3	2.01
	滑移模式 III		37	1.96
$b=10$	滑移模式 I	剪切破坏	83.4	1.54
		拉伸破坏	90.1	1.17
	滑移模式 II		83.9	1.64
	滑移模式 III		41	1.72
$b=15$	滑移模式 I	剪切破坏	90.0	1.11
		拉伸破坏	107.1	0.72
	滑移模式 II		89.9	1.17
	滑移模式 III		72.3	1.18

从表 6.10 中的计算结果可以看出，当泥岩夹层软化深度 b 较小时，其上部岩体的破坏方式以整体剪切破坏为主；当软化深度 b 较大时，其上部岩体以拉伸破坏为主。同时也

表明，当 b 较小时，对边坡的整体与局部稳定性影响不大，而当 b 大于某一界限值时，将直接影响上部岩体的局部稳定性。

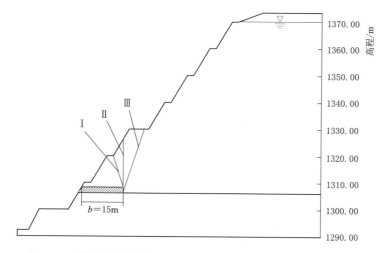

图 6.16　泥岩软化深度 $b=15\mathrm{m}$ 时三种滑移模式的破坏面位置图

第 7 章

西域砾岩边坡加固技术

7.1 常用的边坡加固方法

7.1.1 卸荷和压脚

在众多边坡加固措施中，对边坡上部进行开挖以减少上部荷载是提高边坡稳定性的一种非常有效和经济的措施。此外，在坡脚处堆载对提高潜在不稳定边坡的稳定性也是很好的工程方法。在工程应用中，将坡体上部开挖卸荷的岩土体直接进行压脚也是一种优化的方法。

图 7.1 为紫坪铺水库左岸的一个堆积体边坡，大约有 1000 万 m³ 的上部坡体被开挖用于压脚，提高了边坡的稳定性。

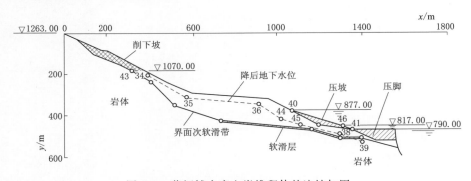

图 7.1 紫坪铺水库左岸堆积体的边坡加固

图 7.2 为云桥大坝左岸滑坡，这一滑坡是由于沿泥质灰岩的层面出现了变形位移，边坡剩余部分的稳定性受到重点关注。为保证边坡的稳定性，设计人员在上游面和边坡的交会处进行了叠式压脚支护，与几百根预应力锚索的初始支护方案相比（图 7.3），这一方案就显得相当经济且施工简单。

7.1.2 排水

采用排水设施降低地下水位是我国水利水电工程建设中提高边坡稳定性常用的方法。如图 7.4 所示，三峡船闸边坡中测到的地下水位仅比 7 级排水隧道高出几米。在小湾水电

站左岸饮水沟堆积体加固治理中，采用了
5 层排水洞系统降低堆积体内地下水位，
并得到良好的加固效果。

7.1.3 预应力锚索和抗滑桩

在水利水电工程中，机械措施经常在
不稳定边坡加固中使用。近年来，有很多
边坡工程将预应力锚索和抗滑桩联合使
用，即在桩上部或中部使用锚索，可以很
好地减小桩悬臂效应，如小湾水电站就曾
用如图 7.5 所示的超大型悬臂抗滑桩来解
决左岸饮水沟堆积体的稳定难题。

图 7.2　云桥大坝左岸滑坡

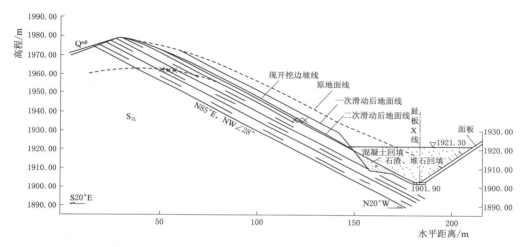

图 7.3　云桥大坝左岸滑坡的压脚支护

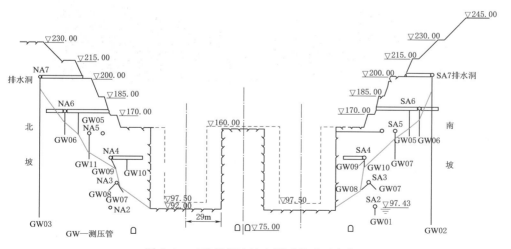

图 7.4　三峡船闸边坡中测到的地下水位

图 7.5 饮水沟堆积体加固工程中为减小悬臂
效应采用预应力锚索锚固的抗滑桩

7.2 适用于西域砾岩边坡的加固技术

根据第 5 章西域砾岩边坡的变形破坏机理，防止坡脚部位的西域砾岩遇水软化或者被淘蚀带走，应是西域砾岩边坡加固处理的核心，可采用压脚与锚固相结合的处理措施进行加固设计。一般来讲，西域砾岩高边坡的处理措施可归纳为"削头、压脚、拦腰、封顶、固表、排水、锚固",要点如下：

（1）削头：对高边坡顶部或中上部开挖减载，也可对既有开挖边坡顶部或中上部扩大开挖，放缓高边坡坡度，减小高边坡顶部或中上部岩体的应力。

（2）压脚：在高边坡底部坡脚或中下部堆载反压，减小高边坡临空面，增加正向支撑力。

（3）拦腰：在高边坡中部设置抗滑洞塞，切断潜在滑动面，约束高边坡滑动。

（4）封顶：对高边坡后缘张拉裂隙进行封闭处理，防止水流入渗造成裂隙进一步发展。

（5）固表：对高边坡开挖坡面进行支护处理，防止高边坡表层不断剥落，在开挖坡面采用纵、横向混凝土隔梁对支护进行分片加固处理；对高边坡出露的泥岩进行置换封闭处理，防止泥岩急剧软化后被剥蚀带走。

（6）排水：包括高边坡顶部冲沟、汇流面的排水和边坡岩体内的排水。防止水流对开挖坡面的冲刷，在库水位降落时，使岩体内的水顺畅排出，防止支护内外压差对支护面的破坏。

（7）锚固：包括适用于浅层加固的锚杆与深层加固的锚杆，通过锚杆的抗拔力或锚索的预应力，提高边坡的稳定性。

实际应用中，根据西域砾岩高边坡所处的不同环境、不同部位，将以上措施组合选用。西域砾岩边坡处理措施汇总见表 7.1。

表 7.1　　　　　　　　　　西域砾岩边坡处理措施汇总

处理措施	处 理 效 果						
	减小滑动力	增加抗滑力	阻滑约束	减小岩体应力	坡面防护	提高抗滑安全系数	增加耐久性
削头	√			√		√	
压脚		√	√	√	√	√	
拦腰		√	√		√	√	
封顶				√	√		√
固表			√		√		√
排水				√	√		√
锚固		√				√	

7.3　典型案例

五一水库联合进水口高边坡坝址区峡谷进口的 Ⅳ 级阶地前缘，陡坡坡度为 $75°\sim87°$，高 84m。陡坡顶 Ⅳ 级阶地表层为 $2\sim4m$ 厚 Q_3^{al} 砂卵砾石层。下伏岩体为 Q_1 西域砾岩与 N_2q 的泥岩、砂砾岩。Q_1 西域砾岩为泥质、泥钙质胶结或半胶结，呈厚层状，岩层走向为 $70°\sim80°SE\angle17°\sim20°$，与渠线交角为 $73°\sim83°$。陡壁顶部发育有 B_1 卸荷岩体，卸荷裂隙走向与洞脸边坡近乎平行，水平长度为 105m，水平深度为 5～9m，垂直深度为 60m。第三系 N_2q 泥岩、砂砾岩、泥质砂岩互层，单层厚 0.5～4m，岩层产状 70°～80° SE∠17°～20° 与上部 Q_1 西域砾岩整合接触。进水口高边坡典型地质剖面如图 7.6 所示。

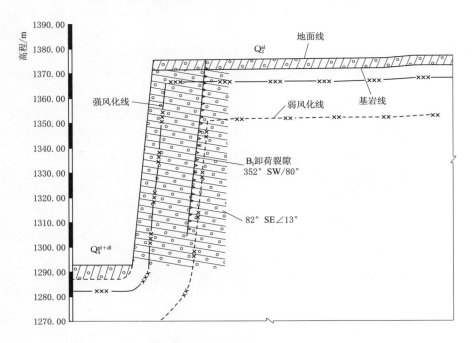

图 7.6　进水口高边坡典型地质剖面

　　导流兼泄洪冲沙洞、引水发电洞及溢洪洞三个建筑物的进口引渠高程分别为 1292.50m、1330.00m 和 1353.50m，分别位于高边坡的底部、中部和顶部。减少建筑物高边坡，才能减少边坡治理的难度和工程量，合理的边坡布置才能够保证边坡自身及建筑物的安全性。按照这一原则，将三个建筑物进口联合开挖，并按照进口高程沿山体梯级布置，达到了充分保证高边坡安全、节省工程量的目的。联合进水口高边坡处理设计采用的主要工程措施为"削头、压脚、拦腰、固表、排水"。

　　(1) 削头：左岸高边坡通过向上游延伸、加宽溢洪洞和发电洞引渠，在高边坡中上部形成减载平台，1353.50m 高程平台宽度为 15m，1330.00m 高程平台宽度为 6m。右侧高边坡山体较单薄，将每级马道宽度加宽至 4m，并在 1340.00m 高程设 15m 宽减载平台。联合进水口高边坡处理剖面如图 7.7 所示。

　　(2) 压脚：将高边坡上部岩体的开挖料在其下部陡立高边坡回填，形成坡脚压重区，顶高程为 1330.00m，顶宽为 6m，回填坡面坡度为 1∶2.0，压实相对紧密度 $D_r \geqslant 0.80$。通过"削头、压脚"处理，放缓了高边坡坡度，联合进水口左岸综合边坡为 1∶0.36～1∶1.36，右岸正面综合边坡为 1∶1.05（图 7.7）。

　　(3) 拦腰：对西域砾岩高边坡中下部的泥岩夹层，采用混凝土进行置换、封闭，沿泥岩走向刻槽去除表层泥岩，用混凝土梁置换，梁宽不小于泥岩夹层，梁高 2m，沿泥岩走

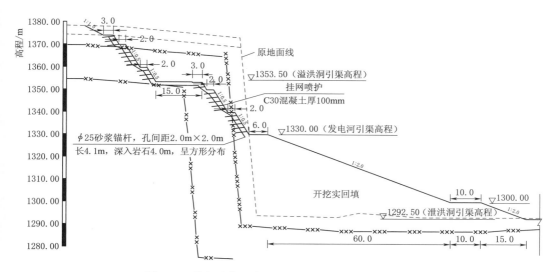

图 7.7　联合进水口高边坡处理剖面图（单位：m）

向每 10m 间距设混凝土塞，断面为 2m×2m 方形；混凝土塞深 8～10m（图 7.8）。

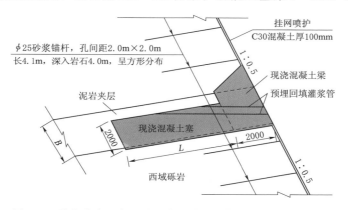

图 7.8　联合进水口高边坡泥岩置换处理剖面图（单位：mm）

（4）固表：对高边坡开挖坡面采用喷锚支护处理，为保证坡面完全封闭，在高边坡顶部土岩分界线增设 3m 宽马道，将包括该马道在内的所有马道与坡面整体喷护。沿开挖坡面设置纵向混凝土隔梁，隔梁嵌入开挖坡面，隔梁下设置长锚杆，挂网喷护层的钢筋网与隔梁中的钢筋焊接。隔梁为 200mm×300mm 的矩形断面，间距为 10m（图 7.9）。

（5）排水：包括高边坡顶部冲沟、汇流面的排水和高边坡坡面排水。高边坡顶部采用防洪堤拦截坡面汇水和冲沟洪水，将其引导至下游较远处冲沟排入河道；当汇流面较大、地形较复杂时，可采用多道防洪堤。在开挖喷护坡面 1340.00～1370.00m 水位变动区设置逆止阀，在水位上升时，防止水流渗入岩体；在水位下降时，可将岩体中的水排出，逆止阀减排距为 3m，呈方形布置。

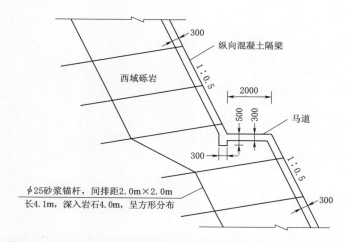

图 7.9　联合进水口高边坡混凝土隔梁处理剖面图（单位：mm）

第 8 章

西域砾岩边坡工程案例

8.1 概述

本书第 6 章针对西域砾岩边坡变形破坏模式提出了坡脚淘蚀-倾倒型的极限平衡法和极限分析下限法以及泥岩软件-滑移型的极限平衡法三类稳定分析方法。对于泥岩软化-滑移型的极限平衡法的工程实例已在本书 6.3 节中进行了论述。本章主要结合五一水库联合进水口边坡和莫莫克水利枢纽联合进水口边坡的稳定问题，分别应用常规的边坡稳定分析方法、考虑坡脚淘蚀-倾倒型的极限平衡法和极限分析法对其进行稳定分析。

8.2 五一水库联合进水口边坡抗滑稳定分析

8.2.1 进水口边坡基本情况及主要工程地质问题

五一水库联合进水口位于迪那河左岸，布置的水工建筑物包括导流兼泄洪冲沙洞、引水发电洞和溢洪洞明渠。其中，导流兼泄洪冲沙洞进水口位于坝轴线上游 350m 处，前期作为导流洞，后期作为永久泄洪冲沙洞，进水口底面高程为 1292.50m。导流兼泄洪冲沙洞由进口引渠段、事故门闸井段、压力隧洞段、工作门闸井段、无压隧洞段、扩散段、出口消能段及护坦段组成。引水发电洞位于坝轴线上游 380m，布置在溢洪洞引渠和导流兼泄洪冲沙洞之间。溢洪洞进口位于坝轴线上游约 400m 处。事故闸井与进水口边坡中下部之间采用 C15 混凝土回填，回填高程为 1340.00～1330.00m。在进水口上部边坡采用开挖料回填压重，进口段明渠采用 C20 混凝土护坡。五一水库进水口布置的水工建筑物位置如图 8.1 所示。

联合进水口开挖后，进水口边坡由 10 级马道组成，每级马道高差均为

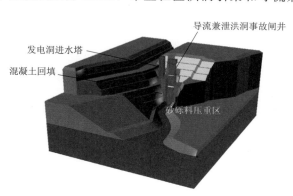

图 8.1 五一水库进水口布置的水工建筑物位置

10m，宽2m。在1340.00m高程以上开挖坡比为1∶0.5，1340.00m高程以下开挖坡比为1∶0.2。开挖后边坡表面设计采用喷射混凝土与系统锚杆支护的联合处理方式，锚杆长度为4～5m，间距2.0m×2.0m，呈方形布置。此外，在进水口正面坡与左侧边坡部分地段还布置有预应力锚索混凝土网格梁支护结构，锚索间距为5.0m×5.0m，布置高程为1340.00～1360.00m。联合进水口边坡开挖后的地形情况如图8.2所示。

联合进水口边坡分布的地层主要为第三系上新统秋里塔克组砂质泥岩与砂砾岩（N_2）、第四系下更新统西域砾岩（Q_1）以及中～上更新统松散冲积物（Q_2～Q_4）。进水口边坡出露的第三系泥岩主要有两层，其厚度约为0.5～1.5m，中间夹一层厚约0.5m的薄层砂砾岩，泥岩上覆地层即为第四系的西域砾岩，界线十分清楚（图8.3）。进水口开挖边坡内无明显的控制性结构面或断层发育，仅在进水口右侧边坡处发育有一组近直立的卸荷裂隙（图8.4）。

图8.2　联合进水口边坡开挖后的
地形情况

图8.3　进水口左侧边坡发育的泥岩与
砂砾岩互层情况

（a）开挖前

（b）开挖后

图8.4　进水口右侧发育的卸荷裂隙及现阶段的开挖情况

根据现场勘测资料，进水口边坡分布的岩层产状为80°～89°/SE∠15°～18°，而进水口正面边坡产状为80°～90°/NW∠60°～70°，进水口左、右侧边坡走向均为近SN，因此进水口正面边坡的岩体倾向与边坡倾向相反，左、右侧边坡岩体倾向与边坡倾向近于正交。从这个意义上说，进水口正面坡、左侧边坡与右侧边坡均不存在沿软弱夹层发生顺层滑动的可能性。

联合进水口边坡存在的主要工程地质问题如下：

（1）西域砾岩本身成岩时代较晚，胶结程度较差，主要以泥砂质胶结和半胶结为主，钙质胶结仅占 10%～15%。根据新疆水利水电勘测设计研究院有限责任公司（以下称"设计院"）对第四系下更新统西域砾岩胶结物的成分鉴定结果，进水口边坡分布的西域砾岩按颜色与成分可分为两类，即青灰色西域砾岩与土黄色西域砾岩。根据在进水口布置的几条用于调查胶结物成分的剖面的调查结果，土黄色西域砾岩约占 60%～70%，部分地段在 80% 以上，单层厚度为 2～8m 不等；青灰色西域砾岩约占 30%～40%，单层厚度为 1～5m。对这两种不同岩体进行浸水试验的结果表明，浸水 1 个月后，青灰色西域砾岩整体结构保存较好，其强度降低不明显；但土黄色西域砾岩表面的粗砂与小砾石脱离母体而发生剥离现象，其强度显著降低。水库蓄水后，进水口边坡大部分位于库水位以下，边坡内分布的西域砾岩遇水软化，从而导致其强度降低，有可能导致边坡的局部失稳。

（2）进水口中下部第三系泥岩与砂岩互层，泥岩透水性较差，软化系数为 0.05～0.1，表明泥岩遇水后强度完全丧失。因此，水库正常运用期，在水的作用下，泥岩夹层急剧软化被剥蚀带走，导致其上部的西域砾岩浅表层处于临空状态，从而有可能出现局部坍塌现象。在库水位骤降期，因泥岩的透水性较差，存在坡体内的水无法及时排出而导致边坡小范围失稳的风险。

8.2.2 联合进水口边坡稳定分析计算条件

本节以二维极限平衡法为主要分析方法，对联合进水口边坡在施工期（坡内外无水）、竣工期、稳定渗流期、库水位骤降期以及稳定渗流期遭遇地震等工况条件下的整体与局部稳定性进行分析评价。

根据进水口边坡开挖后的地形特征、岩体产状与边坡产状的关系以及可能的失稳模式等特点，可将进水口边坡分为进水口正面坡、进水口左侧坡、进水口右侧坡三个子区（图 8.5）。

联合进水口边坡的开挖方案主要来源于设计院最初提供的"联合进水口开挖平面布置图"，2010 年 4 月 30 日设计院又对进水口开挖方案进行了调整，变动之处为设计调整方案在左侧边坡 1350.00m 平台至坡顶范围内进行补挖，进水口的原设计方案和调整方案开挖后的地形情况如图 8.6 所示。

因联合进水口边坡不存在沿结构面或软弱夹层发生顺层或楔体滑动的结构面组合，

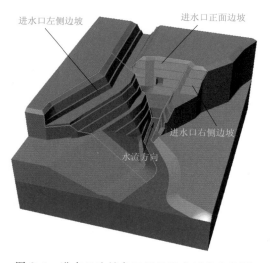

图 8.5 进水口边坡各工程地质分区分布范围

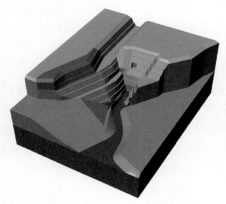
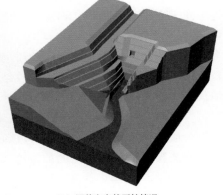

（a）原设计方案的开挖情况　　　　　　　（b）调整方案的开挖情况

图 8.6　原设计方案和调整方案开挖后的地形情况

但存在因表层砾岩遇水软化而发生小规模滑坡现象的可能性，因此本次稳定性计算时滑裂面采用光滑曲线滑面，计算程序采用由中国水利水电科学研究院自主开发的岩质边坡稳定分析程序 EMU（能量法上限解），并采用最优化方法搜索最小安全系数对应的临界滑裂面。

（1）计算工况。为考虑进水口布置的水工建筑物对边坡的影响，本次计算主要对以下几种工况进水口边坡稳定性进行复核：

1）工况一：施工期，坡体内外无水，无混凝土回填，无附属建筑物。

2）工况二：竣工期，坡体内外无水，引水发电进水塔、事故闸井及其与边坡之间的混凝土回填和上游砂砾料压重等均施工完毕。

3）工况三：水库正常运用期，当水库蓄水至正常蓄水位 1370.00m 时，主要复核稳定渗流期、库水位骤降期及稳定渗流期遭遇地震的稳定状况。

（2）边坡稳定分析中对引水发电洞进水塔与事故闸井的模拟。在本次分析计算中，左侧坡布置的引水发电洞进水塔与事故闸井等结构折算为分布荷载，施加在塔基底板上。因无进水塔闸门、启闭室、交通桥等结构的荷载资料，计算中主要考虑进水塔与事故闸井的结构自重，其中混凝土容重按 $24kN/m^3$ 计。当水库蓄水后，正常蓄水位以下按浮容重计，以上按饱和容重计。

（3）关于稳定渗流期坡体内的浸润线的问题。水库正常蓄水位 1370.00m，考虑到水库蓄水会引起进水口边坡内渗流场的改变，从而对边坡的稳定性产生影响。尽管组成进水口边坡的西域砾岩透水率在 1～3Lu 之间，渗透性很差，且须在边坡表面进行混凝土喷护等处理措施，但考虑到水库蓄水后进水口边坡大部分位于水下，因此，计算时假定在正常蓄水位工况时，边坡内部的浸润线与库水位持平。

（4）关于库水位骤降工况。根据设计资料，初定水库死水位为 1340.00m。计算时考虑库水位骤降工况时，假定库水位由正常蓄水位骤降至水库死水位，即水位降低 30m。对于库水位骤降工况，因组成边坡的砾岩透水性很小，计算时认为坡体内水压力不消散，故水位骤降后的浸润线仍采用水位骤降前的浸润线，计算方法采用有效应力法。

（5）关于计算参数的选取问题。西域砾岩的抗剪强度指标建议值为：$\varphi = 36°$，$c = 100\text{kPa}$；对于联合进水口引渠段的回填压重砂砾料，其抗剪强度指标根据大型直剪试验成果，计算取值情况为：$\varphi = 36°$，$c = 8\text{kPa}$。

（6）关于地震工况。根据《新疆轮台县迪那河五一水库工程场地地震安全性评价报告》，工程区 50 年超越概率为 10% 的基岩动峰值加速度为 $0.218g$，相应地抗震设防烈度为 8 度。对于地震工况，计算采用拟静力法模拟地震荷载，计算时取水平地震力系数 $a = 0.218$，并同时考虑水平地震力与竖向地震力对边坡稳定性的影响。根据《水利水电工程边坡设计规范》（SL 386—2007）的规定，取竖向地震力为水平地震力的 1/3。

（7）关于边坡安全系数的控制标准问题。根据《水利水电工程边坡设计规范》（SL 386—2007）规定，水利水电工程边坡抗滑稳定安全系数标准见表 8.1。

表 8.1　　　　　　　　　　水利水电工程边坡抗滑稳定安全系数标准

运用条件	边 坡 级 别				
	1	2	3	4	5
	安全系数				
正常运用条件	1.30～1.25	1.25～1.20	1.20～1.15	1.15～1.10	1.10～1.05
非常运用条件 I	1.25～1.20	1.20～1.15	1.15～1.10	1.10～1.05	
非常运用条件 II	1.15～1.10	1.10～1.05		1.05～1.00	

根据相关资料，五一水库的工程等别为 III 等中型工程，大坝为 2 级建筑物，引水发电系统、引水管线等永久性建筑物为 3 级建筑物，次要与临界建筑物为 4 级建筑物。根据边坡与水工建筑物的相互关系，本次计算将进水口边坡的类别定为 3 级。根据表 8.1 的规定，在采用极限平衡法对堆积体边坡的稳定状况进行复核时，正常工况条件下（正常运用条件）的安全系数应在 1.20～1.15 之间，考虑库水位骤降工况（非常运用条件 I）时的安全系数应在 1.15～1.10 之间，考虑地震作用（非常运用条件 II）的安全系数应不低于 1.05。

8.2.3　进水口左侧边坡的抗滑稳定分析

限于篇幅，本节仅给出了左侧边坡的稳定分析成果。进水口左侧边坡开挖后在空间上呈凸形，边坡高度约 80m，开挖后形成的边坡倾向为 SW 向，坡比为 1∶0.5。边坡开挖后的部分开挖料按 1∶1.5～1∶2.0 的坡比对进水口近上游侧的坡脚处进行回填压脚，以提高其整体与局部稳定性。进水口左侧边坡的倾向与岩层倾向近于正交，不存在沿层面或下部软弱夹层滑动失稳的可能，但有可能存在沿表层发生滑动的可能性。

考虑到设计单位在施工期对进水口左侧边坡的开挖方案作过调整，主要区别为：调整后的开挖方案为在靠近上游侧坡顶至 1353.50m 高程进行补充开挖，补挖范围如图 8.6 所示。本次计算对原设计开挖方案与调整开挖方案各工况条件下的稳定状况进行了分析计算。

根据左侧边坡开挖面的倾向变化情况，并综合考虑边坡上游混凝土回填情况，计算选取 C—C 剖面、D—D 剖面以及 E—E 剖面作为计算剖面，各剖面的平面位置如图 8.7 所示，C—C 剖面与 D—D 剖面如图 8.8 与图 8.9 所示。

8.2.4　原设计方案计算成果

本书中,联合进水口左侧边坡的开挖主要以原进水口开挖平面布置图为依据,图 8.10～图 8.11 分别列出了 C—C 剖面和 D—D 剖面的滑移模式及对应的滑裂面位置图。这里简单讨论各工况下的滑移模式。

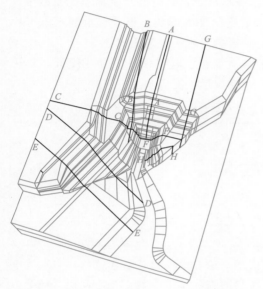

图 8.7　联合进水口边坡各计算剖面的平面位置图

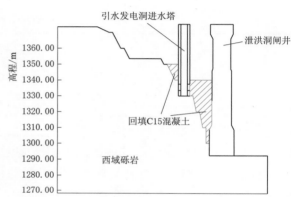

图 8.8　进水口左侧边坡 C—C 剖面图

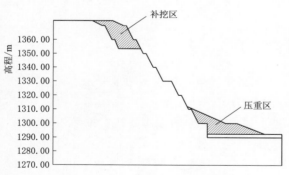

图 8.9　进水口左侧边坡 D—D 剖面图

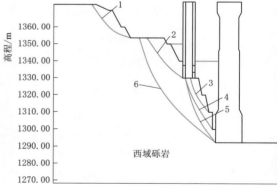

图 8.10　左侧边坡 C—C 剖面各滑移模式对应的滑面位置图

1—坡顶至 1353.50m 高程剪出;2—由 1353.50～1330.00m 高程剪出;3—由 1330.00～1310.00m 高程剪出;4—由 1330.00～1300.00m 高程剪出;5—由 1330.00m 高程至坡脚剪出;6—由 1353.50m 高程至坡脚剪出

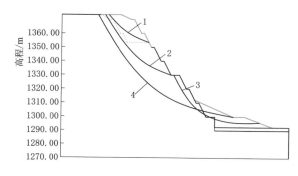

图 8.11 左侧边坡 $D—D$ 剖面各滑移模式对应的
滑面位置图

1—坡顶至 1353.50m 高程剪出；2—由坡顶至 1330.00m
高程剪出；3—1330.00m 高程至坡脚处剪出；4—整体滑动

对于 $C—C$ 剖面，在施工期，需要复核其整体与局部稳定性；在竣工期与水库正常运行期，因进水塔、事故闸井与边坡之间采用混凝土回填至 1350.00m 高程，同时左侧边坡、闸门井及右侧边坡联合向河床方向整体发生滑动的可能性较小，故此时只对 1350.00m 高程以上部分的稳定性进行复核。

对于 $D—D$ 剖面，受其下部开挖料回填影响，在竣工期与水库正常运行期，需要对其整体与局部稳定性进行分析计算。

表 8.2 列出了各计算剖面的稳定分析成果，图 8.12 列出了部分计算简图。根据计算结果，可以看出：

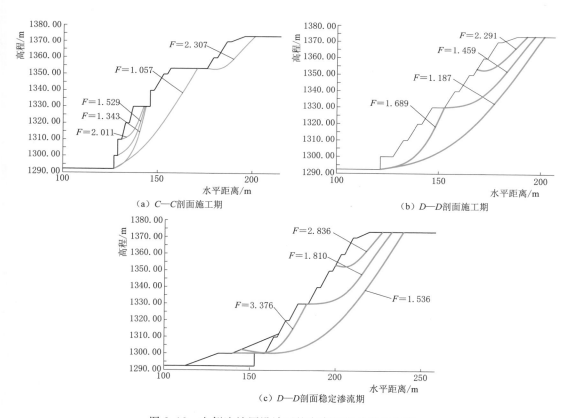

图 8.12 左侧边坡原设计开挖方案的部分计算简图

（1）在施工期，左侧边坡 $D—D$ 剖面各滑移模式的稳定安全系数大于 1.15，满足规范要求；$C—C$ 剖面各滑移模式的稳定安全系数大于 1.1，满足规范要求。

（2）在竣工期，$D—D$ 剖面受坡脚处开挖料回填压脚效应影响，其安全系数较施工期有所提高。

（3）在稳定渗流期，各计算剖面的安全系数较施工期或竣工期有所增加，表明蓄水对其稳定有利，此时各滑移模式的安全系数满足规范要求。

（4）在水位骤降期，$C—C$ 剖面"由坡顶至 1353.50m 高程剪出"滑移模式的安全系数大于 2.0，满足规范要求；$D—D$ 剖面"整体滑动"与"坡顶至 1330.00m 高程剪出"两种滑移模式的安全系数在 1.05 左右，略低于规范要求。

（5）正常蓄水位遭遇地震工况，与无地震相比，其安全系数降低 0.2～0.3 左右，但各剖面的安全系数满足规范要求。

表 8.2 进水口左侧边坡原开挖方案的稳定分析计算成果

计算剖面	滑 移 模 式	安全系数 F				
		施工期	竣工期	稳定渗流期无地震	库水位骤降期	稳定渗流期遭遇地震
C—C 剖面	由坡顶至 1353.50m 高程剪出	2.307	—	3.349	2.001	2.978
	由 1353.50～1330.00m 高程剪出	1.703	—	—	—	—
	由 1330.00～1310.00m 高程剪出	2.011	—	—	—	—
	由 1330.00～1300.00m 高程剪出	1.529	—	—	—	—
	由 1330.00m 高程至坡脚剪出	1.343	—	—	—	—
	由 1353.50m 高程至坡脚剪出	1.117	—	—	—	—
D—D 剖面	坡顶至 1353.50m 高程剪出	2.291	—	2.836	1.663	2.414
	由坡顶至 1330.00m 高程剪出	1.459	—	1.811	1.049	1.562
	整体滑动	1.187	1.308	1.536	1.052	1.354
	1330.00m 高程至坡脚处剪出	1.689	2.231	3.376	—	3.004

8.2.5 调整开挖方案的极限平衡分析

相对于进水口原设计开挖方案，调整开挖方案将在左侧 1350.00m 高程处进行补挖，其调整后的地形及补挖范围如图 8.9 所示。考虑到左岸补挖范围仅限于上游局部部位，对 $C—C$ 剖面的稳定性影响很小，故稳定性分析以 $D—D$ 剖面作为计算剖面，并对以下几种滑移模式的稳定性进行复核：①由坡顶沿 1353.50m 高程剪出；②由坡顶至 1330.00m 高程剪出；③由 1353.50～1330.00m 高程剪出；④由 1350.00m 高程至坡脚剪出；⑤整体滑动。调整开

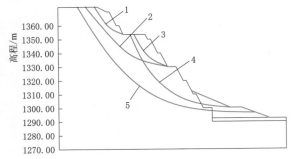

图 8.13 调整开挖方案 $D—D$ 剖面各滑移模式
对应的滑裂面位置图

1—由坡顶至 1353.50m 高程剪出；2—由坡顶至
1330.00m 高程剪出；3—由 1353.50～1330.00m 高程剪出；
4—由 1353.50m 高程至坡脚剪出；5—整体滑动

挖方案 $D—D$ 剖面各滑移模式对应的滑裂面位置如图 8.13 所示。表 8.3 列出了各计算剖面的稳定分析成果，从计算结果可以看出：

（1）在施工期，$D—D$ 剖面的安全系数大于 1.3，满足规范要求。

（2）在竣工期，考虑边坡前缘的回填料压脚效应影响，其稳定安全系数较施工期有所提高，此时各滑移模式的安全系数均满足规范要求。

（3）在稳定渗流期的计算结果显示，水库蓄水至正常蓄水位时，$D—D$ 剖面的稳定安全系数较蓄水前提高显著，表明水库蓄水对其稳定有利，此时各剖面的安全系数大于1.9，满足规范要求。

（4）在库水位骤降期，与骤降前相比，各计算剖面的安全系数降低明显，降低范围为 $0.5\sim1.0$，其最小安全系数 $F_m=1.23$，满足规范要求。

（5）在稳定渗流期遭遇地震工况，与无地震相比，其安全系数降低范围为 $0.2\sim0.4$，此时其最小安全系数 $F_m=1.7$，满足规范要求。

因调整开挖方案对 $D—D$ 剖面的稳定性的影响表现为"削坡减载"效应，另外还减小了边坡的开挖坡度，在这两方面因素的共同作用下各剖面的整体滑动及 1353.50m 高程以下部位的稳定安全系数增加明显，增加范围约为 $0.1\sim0.3$。

表 8.3 进水口左侧坡调整开挖方案的稳定分析成果

计算剖面	滑移模式	安全系数 F				
		施工期	竣工期	稳定渗流期无地震	库水位骤降期	稳定渗流期遭遇地震
$D—D$ 剖面	由坡顶至 1353.50m 平台剪出	2.252	—	3.268	1.943	2.802
	由坡顶至 1330.00m 剪出	1.916	—	2.559	1.425	2.243
	由 1353.50~1330.00m 剪出	1.972	—	3.387	1.810	3.117
	由 1353.50m 至坡脚剪出	1.328	2.530	2.334	1.626	2.093
	整体滑动	1.324	1.591	1.943	1.275	1.742

8.2.6 调整开挖方案的抗倾稳定分析

针对联合进水口的调整开挖方案，本节采用第 6 章提出的坡脚淘蚀—倾倒型极限平衡稳定分析方法，开展了西域砾岩边坡在施工期、正常蓄水位与水位骤降工况条件下的抗倾稳定分析。稳定分析的计算条件为：

（1）西域砾岩的抗拉强度 $\sigma_t=450kPa$，容重 $\gamma=25kN/m^3$。

（2）稳定分析选取联合进水口 $D—D$ 剖面作为典型计算剖面。

（3）五一水库正常蓄水位 1370.00m，死水位 1340.00m。对于施工期，假定边坡从坡脚开始发生淘蚀；对于正常蓄水位及水位骤降工况，假定边坡从死水位开始发生淘蚀。

（4）对于正常蓄水位工况，采用等效置换的方式将破坏体的容重变为浮容重；对于水位骤降工况，计算时假定库水位由正常蓄水位骤降至死水位，浸润线不变，此时需要计算破坏面上的水压力的贡献。

（5）计算中还忽略了压脚的影响。

表 8.4～表 8.6 列出了各工况条件下联合进水口 D—D 剖面的抗倾稳定分析成果，图 8.14 为各工况条件下的倾倒渐近破坏过程示意图。从计算结果可以看出，随着水平淘蚀深度的不断增大，边坡的倾倒安全系数逐渐降低；对于施工期，当坡脚的水平淘蚀深度在 6.0～8.0m 之间时，边坡开始发生倾倒破坏；对于正常蓄水位和水位骤降工况，边坡开始发生倾倒破坏的临界水平淘蚀深度分别为 14.0m 和 12.0m。

表 8.4　　　　　　施工期联合进水口 D—D 剖面的抗倾稳定分析成果

破坏阶段	计算结果	水平淘蚀深度 b/m					
		4.0	6.0	8.0	10.0	12.0	16.0
1	底边倾角 β/(°)	73.55	88.4	103.8	—	—	—
	安全系数 F	2.19	1.19	0.85	—	—	—
2	底边倾角 β/(°)	86.20	92.80	98.85	105.45	111.50	121.40
	安全系数 F	5.04	3.05	2.11	1.60	1.32	1.01
3	底边倾角 β/(°)	85.10	88.40	91.15	94.45	97.20	
	安全系数 F	2.00	1.58	1.28	1.08	0.92	

表 8.5　　　　正常蓄水位工况下联合进水口 D—D 剖面的抗倾稳定分析成果

破坏阶段	计算结果	水平淘蚀深度 b/m					
		4.0	8.0	12.0	14.0	16.0	20.0
1	底边倾角 β/(°)	121.95	96.65	67.50	70.25	—	—
	安全系数 F	9.27	3.47	1.50	1.05	—	—
2	底边倾角 β/(°)	65.85	80.70	97.75	106.45	113.15	125.80
	安全系数 F	14.85	3.28	1.63	1.34	1.17	1.03
3	底边倾角 β/(°)	58.15	60.90	67.50	—	—	—
	安全系数 F	2.51	1.42	0.92	—	—	—

表 8.6　　　　水位骤降工况下联合进水口 D—D 剖面的抗倾稳定分析成果

破坏阶段	计算结果	水平淘蚀深度 b/m					
		4.0	8.0	12.0	14.0	16.0	14.0
1	底边倾角 β/(°)	121.95	96.65	67.50	—	—	
	安全系数 F	5.56	2.08	0.90	—	—	
2	底边倾角 β/(°)	123.60	72.45	88.95			
	安全系数 F	6.01	1.96	0.89			
3	底边倾角 β/(°)	87.30	98.85	58.15	59.80	60.90	
	安全系数 F	8.36	3.03	1.56	1.15	0.89	

8.2.7　小结

（1）五一水库联合进水口边坡分布的地层主要为第三系砂砾岩与泥岩互层以及西域砾岩，正面边坡倾向与岩层倾向相反，左右侧边坡倾向与岩层倾向正交，沿边坡内部的软弱夹层向临空面发生整体滑动的可能性较小。然而由于边坡岩体成岩时代较晚，未完全胶

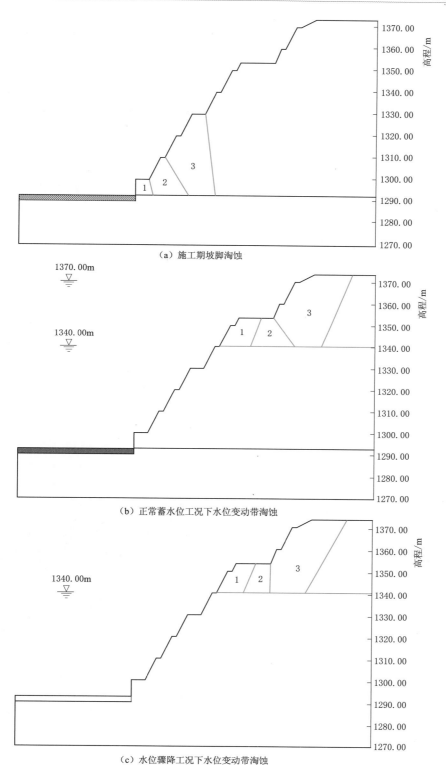

（a）施工期坡脚淘蚀

（b）正常蓄水位工况下水位变动带淘蚀

（c）水位骤降工况下水位变动带淘蚀

图 8.14　联合进水口 $D—D$ 剖面不同工况条件下的倾倒渐近破坏过程

结，遇水软化，强度降低明显，有发生浅层滑动失稳的可能。

（2）对于左侧边坡，采用常规的极限平衡法对原开挖方案与调整开挖方案两种情况的稳定性进行分析，其区别为：调整开挖方案为在原开挖方案基础上对 1353.50m 高程至坡顶的范围内进行补挖，这一措施可视为第 7 章介绍的边坡治理方案中的"削头减载"效应，对其整体与局部稳定性是有利的，稳定分析成果也从定量角度验证了这一结论。计算结果显示，调整开挖方案中各工况下的稳定安全系数满足规范要求。

（3）对于联合进水口，选取 D—D 剖面作为典型计算剖面开展不同工况条件下的倾倒稳定分析，计算结果显示，随着淘蚀深度的不断增大，边坡的倾倒安全系数逐渐降低，同时不同工况条件下边坡发生倾倒破坏的初始临界水平淘蚀深度，可以为边坡支护措施的选择提供技术支撑。

8.3　莫莫克水利枢纽联合进水口工程开挖边坡

8.3.1　概述

莫莫克水利枢纽联合进水口布置于右岸，边坡的开挖高程范围为 1849.00～1978.00m，每 10m 设置一级马道，以 1908.80m 马道为界，上部为第四系全新统坡洪积含砾粉土层，开挖坡比为 1：2.0，下部为西域砾岩边坡，开挖坡比为 1：0.75，边坡的最大开挖高度为 130m。

对于联合进水口上游南侧边坡，开挖完成后形成了一个高约 50m 的西域砾岩边坡，坡度为 60°～80°，其中在 1863.00m 高程形成一个宽 15～100m 的平台，砾岩强风化带厚 3～5m，弱风化带厚 8～10m。联合进水口上游南侧边坡三维地形地貌如图 8.15 所示。

图 8.15　联合进水口上游南侧边坡三维地形地貌图

本节基于西域砾岩边坡的典型破坏模式，从抗滑与抗倾的角度出发，分别采用第 6 章建议的极限平衡法与极限分析下限法对枢纽区工程边坡的稳定性进行定量分析评价，并在分析计算结果的基础上，提出了相应的支护建议与措施。

8.3.2 基于极限平衡法的抗倾稳定分析

8.3.2.1 计算引入的假定

图 8.16 为工程开挖边坡倾倒稳定分析计算模型，图中潜在倾倒体为 $ABCD$，其中 AB 为潜在的破坏面，β 为 AB 与水平方向的夹角。计算中假定 B 点的位置未定，拟采用最优化方法确定。

对于潜在崩塌体 $ABCD$ 的自重对线段 AB 中点 M 的弯矩，可将潜在崩塌体 $ABCD$ 划分为若干个简单三角形，首先分别计算各个三角形的自重对 M 点的弯矩，然后再求和得到崩塌体 $ABCD$ 的自重对 M 点的弯矩。

由于各部位工程边坡的坡表有 $Q_2 \sim Q_4$ 覆盖层，计算中不考虑覆盖层的抗拉强度影响，但需要计入其自重的影响，同时假定拉裂缝在覆盖层全部贯通。

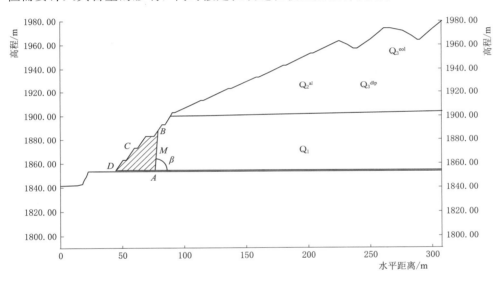

图 8.16　工程开挖边坡倾倒稳定分析计算模型

8.3.2.2 关于支护措施

由本书第 5 章西域砾岩边坡的破坏机理可知，西域砾岩遇水软化后易被水流带走，从而坡脚被淘蚀是导致边坡变形失稳的主要原因。因此，对于工程边坡，一方面最大限度地降低水位变动带处岩体的冲刷，以及减小西域砾岩软化后的碎屑物质被流水侵蚀、搬运至其他地方沉积，例如可以在坡面上布置混凝土板护坡，可以减小波浪与流水对坡表岩体的冲刷侵蚀作用；另一方面，通过锚杆或预应力锚索等工程措施，防止被淘蚀的岩体发生向临空面方向的崩塌、倾倒破坏。

在讨论锚固支护措施对边坡稳定性的影响时，引入了以下假定：

（1）关于倾倒安全系数的控制标准。现行的《水利水电工程边坡设计规范》（SL 386—2007）给出了抗滑稳定安全系数标准，但考虑到倾倒稳定分析的理论与方法尚不成熟，未给出倾倒稳定安全系数的评价标准。本次分析计算中，边坡倾倒稳定安全系数仍沿用了抗滑稳定安全系数的控制标准。

（2）关于坡脚淘蚀深度。边坡坡脚淘蚀深度对边坡倾倒稳定性具有直接影响。前文通过现场踏勘，对自然边坡的淘蚀深度进行了调查统计，但目前尚无工程开挖边坡的淘蚀深度的相关资料。对工程边坡的数值分析结果显示，其主要破坏模式为：随着坡脚淘蚀深度的增加，处于临空状态的岩体不断向临空面方向发生小规模的崩塌、倾倒的渐进式破坏过程。本次分析计算中，首先确定工程边坡倾倒安全系数不满足规范要求的初始临界淘蚀深度 h_{cr}，并规定 h_{cr} 的取值范围为 $5\sim15m$，据此求解使边坡倾倒安全系数满足规范要求的锚固力。

（3）关于锚杆与预应力锚索对倾倒边坡稳定性的作用。锚杆提供的抗拔力或锚索的预应力的作用主要表现为两个方面，即增加了破坏面上的法向力 ΔN 与边坡的抗倾弯矩 ΔM，即可计算破坏面上的最大拉应力，进而求解边坡的倾倒安全系数。

8.3.2.3　考虑外力影响的稳定分析方法

在本书第 6 章，基于极限平衡理论提出了西域砾岩边坡坡脚淘蚀-倾倒型破坏的稳定分析方法，本节对该方法的适用性进行扩展，使之可以考虑水库蓄水、水位骤降及预应力锚索加固的影响。

根据边坡的潜在破坏面与坡脚淘蚀点的位置关系，可分为两种破坏模式：①边坡的潜在破坏面位于坡脚淘蚀点的右侧；②边坡的潜在破坏面位于坡脚淘蚀点的左侧。

如图 8.17 所示，令线段 AB 为边坡的潜在破坏面，其中点用 M 表示；在破坏面顶部设置一个高为 h_1 的拉裂缝，用线段 BD 表示；潜在破坏体的重心用 C 表示，其坐标为（x_c，y_c），重量用 W 表示；破坏面 AB 与水平面的夹角用 β 表示。

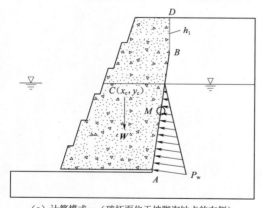
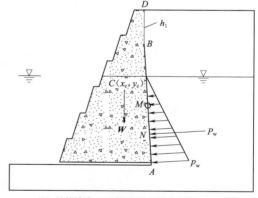

| （a）计算模式一（破坏面位于坡脚淘蚀点的右侧） | （b）计算模式二（破坏面位于坡脚淘蚀点的左侧） |

图 8.17　倾倒型崩塌计算模式

P_w—水压力合力；p_w—水压力

根据理论力学，力 F 对点的矩矢等于矩心到该力作用点的矢径与该力的矢量积，具体的计算公式为

$$M = r \times F \tag{8.1}$$

式中：r 为矩心至力的作用点的矢径。

故破坏体自重 W 对破坏面中点 M 的弯矩的计算公式为

$$M_1 = r_{MC} \times W \qquad (8.2)$$

式中：r_{MC} 为破坏面中心点 M 至破坏体重心位置 C 的矢径。

破坏体自重 W 在破坏面 AB 法向方向的分量的计算公式为

$$N_1 = W \cdot n_1 \qquad (8.3)$$

式中：n_1 为破坏面 AB 的单位内法向矢量。

若规定以拉为正，压为负，则对于破坏模式一［图 8.17（a）］，N_1 为压力，数值为负；对于破坏模式二［图 8.17（b）］，N_1 为拉力，数值为正。

稳定分析主要考虑以下 3 种情况。

（1）对于不考虑坡外水位及预应力锚索的影响，根据材料力学，对于破坏面 AB 而言，A 点受压，B 点受拉，其中 B 点所受的拉应力 σ_b 的计算公式为

$$\sigma_b = \frac{M_1}{I_1} + \frac{N_1}{L_1} \qquad (8.4)$$

式中：L_1 为破坏面 AB 的长度；I_1 为破坏面 AB 的惯性矩。

I_1 的计算公式为

$$I_1 = \frac{L_1^2}{6} \qquad (8.5)$$

（2）对于正常蓄水位的情况，按照等效置换的原则，在计算破坏体的自重 W 与重心 C 的坐标时，水位以上部分的岩土体采用天然容重，水位以下部分的岩土体采用浮容重，然后计算自重 W 对破坏面 AB 的中点的弯矩 M_1，并根据式（8.4）计算破坏面上的拉应力 σ_b。

对于库水位骤降的情况，坡体内的地下水位并未随着坡外水位的降落而及时消散，在计算破坏面 AB 上的弯矩与法向力时，主要考虑以下外荷载的作用：

1）自重 W。在计算破坏体的自重时，对于地下水位以上的岩土体采用天然容重，对于坡外水位以下的岩土体采用浮容重，其他部分采用饱和容重。

2）破坏面 AB 所承受的水压力。根据坡体内部地下水位的位置的不同，破坏面 AB 上的水压力的分布形式为三角形或梯形，方向与破坏面 AB 的内法向方向一致。

3）后缘拉裂面 BD 所承受的水压力。同样，根据坡体内部地下水位的位置的不同，后缘拉裂面 BD 上的水压力的分布形式为三角形或梯形，方向为水平方向，指向破坏体内部。

（3）对于考虑预应力锚索的影响，计算时采用集中力模拟预应力锚索的影响，力的大小为锚索提供的单宽预应力，方向为沿锚索的轴线方向，故可根据式（8.1）与式（8.3）分别计算锚索的预应力对破坏面 AB 中点的弯矩与预应力在破坏面 AB 的法向方向的投影，并根据式（8.4）计算 B 点的拉应力。

8.3.2.4 稳定分析计算条件

1. 计算工况

稳定分析主要核算边坡在施工期、正常蓄水位、库水位骤降以及正常蓄水位遭遇地震

工况条件下的抗倾稳定性。

根据设计资料，莫莫克水利枢纽正常蓄水位 1894.00m，死水位 1873.00m。

当考虑库水位骤降工况时，假定坡体内的地下水位降低至 1883.50m，计算时采用"水土合算"的做法，即将水与岩体的混合体作为研究对象，考虑破坏面上作用于破坏体上的水压力对破坏体倾倒稳定的影响。

对于地震工况，坝址区 50a 超越概率 10% 的基岩峰值加速度为 0.22g，对应的地震基本烈度为 8 度，工程设防烈度为 8 度。稳定分析时采用在破坏体的形心处施加水平地震力来模拟地震荷载的影响，并考虑折减系数 $\xi = 0.25$。

计算引入的基本假定如下：

（1）西域砾岩边坡一般是从坡脚淘蚀开始，并向坡内不断扩展，直至边坡发生破坏，稳定分析时假定边坡从死水位 1873.00m 开始淘蚀，考虑不同淘蚀深度情况下边坡的抗倾安全系数。

（2）假定在潜在失稳破坏体后缘存在一个深 3.0m 的拉裂缝。

2. 计算剖面、计算参数与安全系数控制标准

表 8.7 列出了西域砾岩物理力学参数的地质建议值。同时，稳定分析时采用的西域砾岩的抗拉强度 $\sigma_t = 450$kPa。

表 8.7　　　　　　　　稳定分析采用的岩土体物理力学参数的地质建议值

地层年代	岩性	抗剪强度参数				容重 γ /(kN/m³)	抗压强度/MPa	
		水上参数		水下参数			烘干	饱和
		φ/(°)	c/kPa	φ/(°)	c/kPa			
Q₁（西域砾岩）	弱风化	—	—	36.87	150	25.0	8.0	1.8
	微风化	—	—	37.95	250	25.7	10.0	2.2

稳定分析选取剖面 0+025、0+035、0+040、0+045、0+090、0+100 作为典型计算剖面，各剖面的平面位置如图 8.18 所示。

8.3.3　极限平衡法的稳定分析成果

表 8.8～表 8.13 分别列出了剖面 0+025、0+035、0+040、0+045、0+090、0+100 的抗倾稳定安全系数随水位变动带处不同淘蚀深度的变化情况，图 8.19 列出了施工期各计算剖面在不同淘蚀深度的破坏面位置图。从计算结果可以看出：

（1）随着淘蚀深度的不断增大，边坡各计算剖面的抗倾稳定安全系数逐渐降低。

（2）基于现有的计算模型与计算参数，当坡脚的水平淘蚀深度为 16.0～20.0m 时，边坡的抗倾稳定安全系数小于 1.0。

（3）在不考虑岩体遇水软化的条件下，施工期与水位骤降期边坡抗倾稳定安全系数小于正常运行期，且正常运行期遭遇地震时的计算结果与正常运行期接近，表明施工期与水位骤降期为联合进水口工程边坡的控制性工况。

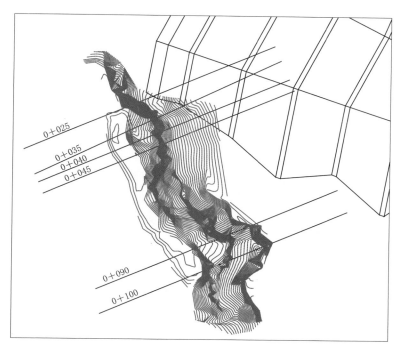

图 8.18 稳定分析选取的各典型剖面的平面位置图

表 8.8 剖面 0+025 的抗倾稳定安全系数计算结果

计算工况	计算结果	水平淘蚀深度 b/m					
		4.0	8.0	12.0	16.0	20.0	24.0
施工期	底边倾角 β/(°)	120.0	81.2	88.2	98.4	108.2	—
	安全系数 F	5.14	2.70	1.31	0.83	0.63	—
正常运行期	底边倾角 β/(°)	120.0	81.2	88.2	98.6	108.2	
	安全系数 F	8.20	4.26	2.03	1.29	0.97	
库水位骤降期	底边倾角 β/(°)	120.0	120.0	88.2	98.4	108.2	
	安全系数 F	1.54	2.63	1.42	0.88	0.65	
正常运行期+地震	底边倾角 β/(°)	120.0	81.2	88.2	98.6	108.2	
	安全系数 F	8.18	4.23	2.02	1.29	0.97	

表 8.9 剖面 0+035 的抗倾稳定计算结果

计算工况	计算结果	水平淘蚀深度 b/m					
		4.0	8.0	12.0	16.0	20.0	22
施工期	底边倾角 β/(°)	120	120	91.6	100.6	106.0	—
	安全系数 F	4.27	3.39	2.04	1.25	0.90	—
正常运行期	底边倾角 β/(°)	120.0	120.0	91.6	100.6	80.0	81.2
	安全系数 F	7.08	5.64	3.30	2.01	1.35	1.08

计算工况	计算结果	水平淘蚀深度 b/m					
		4.0	8.0	12.0	16.0	20.0	22
库水位骤降期	底边倾角 β/(°)	120.0	120.0	91.6	100.6	80.0	—
	安全系数 F	1.03	2.84	2.32	1.35	0.94	—
正常运行期＋地震	底边倾角 β/(°)	120.0	120.0	91.6	100.6	80.0	81.2
	安全系数 F	7.07	5.63	3.29	2.01	1.34	1.08

表 8.10　　　　　　　　　　　　剖面 0＋040 的抗倾稳定计算结果

工况	计算结果	水平淘蚀深度 b/m					
		4.0	8.0	12.0	16.0	20.0	24
施工期	底边倾角 β/(°)	120.0	120.0	120.0	117.4	99.4	—
	安全系数 F	4.04	2.30	1.71	1.25	0.68	—
正常运行期	底边倾角 β/(°)	120.0	120.0	120.0	99.8	103.4	91.8
	安全系数 F	6.73	3.83	2.85	2.08	1.46	1.11
库水位骤降期	底边倾角 β/(°)	120.0	120.0	120.0	119.0	103.8	—
	安全系数 F	0.99	1.77	1.77	1.77	0.95	—
正常运行期＋地震	底边倾角 β/(°)	120.0	120.0	120.0	99.8	103.4	91.8
	安全系数 F	6.72	3.82	2.84	2.07	1.46	1.11

表 8.11　　　　　　　　　　　　剖面 0＋045 的抗倾稳定计算结果

计算工况	计算结果	水平淘蚀深度 b/m					
		4.0	8.0	12.0	16.0	18.0	24.0
施工期	底边倾角 β/(°)	—	120.0	93.2	98.2	101.8	—
	安全系数 F	—	3.58	1.85	1.14	0.81	—
正常运行期	底边倾角 β/(°)	—	120.0	93.0	98.0	103.8	106.2
	安全系数 F	—	5.96	3.01	1.84	1.31	1.03
库水位骤降期	底边倾角 β/(°)	—	120.0	93.0	98.0	101.4	—
	安全系数 F	—	2.98	2.07	1.22	0.85	—
正常运行期＋地震	底边倾角 β/(°)	—	120.0	93.0	98.0	103.8	106.2
	安全系数 F	—	5.96	3.00	1.84	1.31	1.03

表 8.12　　　　　　　　　　　　剖面 0＋090 的抗倾稳定计算结果

计算工况	计算结果	水平淘蚀深度 b/m				
		8.0	12.0	16.0	18.0	20.0
施工期	底边倾角 β/(°)	120.0	120.0	116.6	120.0	93.4
	安全系数 F	1.93	1.71	1.22	1.15	0.98

续表

计算工况	计算结果	水平淘蚀深度 b/m				
		8.0	12.0	16.0	18.0	20.0
正常运行期	底边倾角 $\beta/(°)$	120	120.0	116.6	120.0	93.4
	安全系数 F	3.22	2.85	2.04	1.91	1.55
库水位骤降期	底边倾角 $\beta/(°)$	120.0	120	116.6	120.0	93.4
	安全系数 F	1.08	1.57	1.28	1.21	1.04
正常运行期＋地震	底边倾角 $\beta/(°)$	120	120.0	116.6	120.0	93.4
	安全系数 F	3.22	2.85	2.04	1.91	1.55

表 8.13 剖面 0＋0100 的抗倾稳定计算结果

计算工况	计算结果	水平淘蚀深度 b/m				
		4.0	8.0	12.0	16.0	18.0
施工期	底边倾角 $\beta/(°)$	88.4	100.6	110.8	102.4	101.2
	安全系数 F	0.95	0.41	0.65	0.84	0.70
正常运行期	底边倾角 $\beta/(°)$	88.4	100.6	110.8	100.0	101.2
	安全系数 F	1.49	0.66	1.04	1.33	1.17
库水位骤降期	底边倾角 $\beta/(°)$	88.4	100.6	120.0	120.0	101.6
	安全系数 F	0.46	0.33	0.61	0.87	0.73
正常运行期＋地震	底边倾角 $\beta/(°)$	88.4	100.6	100.8	100.0	101.2
	安全系数 F	1.49	0.66	1.04	1.33	1.17

8.3.4 考虑预应力锚索影响的极限稳定分析

设计时对右岸联合进水口提出了两种加固处理方案进行比选：方案一为贴坡混凝土挡墙＋预应力锚索方案，方案二为贴坡混凝土板（板厚10cm）＋预应力锚索方案。两种方案预应力锚索的布置形式为方形，间排距为 5m×5m，长 25～30m，单根锚索的预应力为1000kN。稳定分析时仅考虑预应力锚索作用，采用集中力模拟锚索的加固作用，而将混

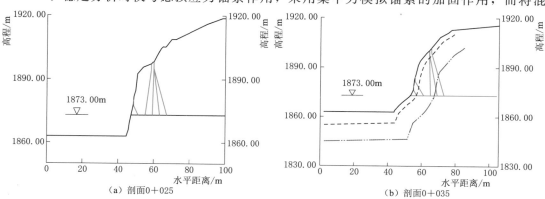

(a) 剖面0＋025　　　　　　　　　(b) 剖面0＋035

图 8.19 (一)　施工期各计算剖面在不同淘蚀深度的破坏面位置图

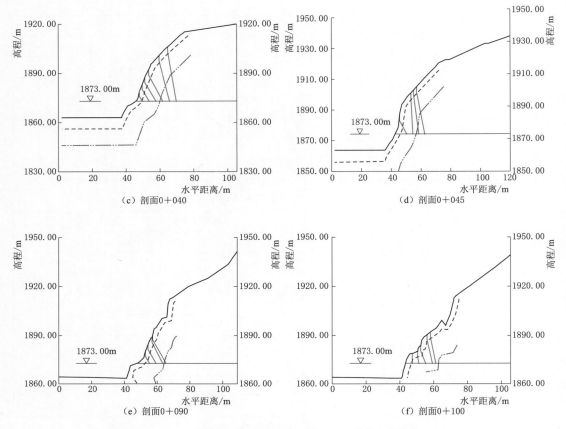

图 8.19（二） 施工期各计算剖面在不同淘蚀深度的破坏面位置图

凝土挡墙或混凝土板作为安全储备，不考虑其对边坡稳定性的影响。通过计算可知，单根锚索提供的单宽预应力为 200kN/m。从计算结果可以看出：①考虑预应力锚索加固影响时，边坡的抗倾稳定安全系数小于 1.0 的水平淘蚀深度大于 20.0m；②对比加固前与加固后的计算结果，考虑预应力锚索加固作用后，在相同的水平淘蚀深度条件下，边坡的抗倾稳定安全系数提高范围为 0.05～0.2。

表 8.14 列出了采用设计建议的预应力锚索方案时，剖面 0+045 的抗倾稳定安全系数随坡脚水平淘蚀深度的变化情况。

表 8.14 考虑设计建议的锚索方案时剖面 0+045 的抗倾稳定计算结果

计算工况	计算结果	水平淘蚀深度 b/m					
		4.0	8.0	12.0	16.0	20.0	24.0
施工期	底边倾角 β/(°)	—	89.6	83.8	92.8	98.4	—
	安全系数 F	—	6.89	2.37	1.30	0.88	—
正常运行期	底边倾角 β/(°)	—	89.6	81.6	95.2	98.4	94.4
	安全系数 F	—	>10.0	4.50	2.31	1.51	1.11

续表

计算工况	计算结果	水平淘蚀深度 b/m					
		4.0	8.0	12.0	16.0	20.0	24.0
库水位骤降期	底边倾角 β/(°)	—	89.6	83.4	92.4	98.0	—
	安全系数 F	—	>10.0	2.74	1.41	0.92	—
正常运行期＋地震	底边倾角 β/(°)	—	89.6	81.6	95.2	98.4	94.4
	安全系数 F	—	>10.0	4.47	2.30	1.51	1.11

8.3.5 基于极限分析下限解法的倾倒稳定分析

为更好地了解联合进水口洞出口边坡稳定性，选取剖面 0+035 开挖后的边坡进行边坡底部淘刷后的稳定性分析，分别对淘蚀深度为 4~20m、间隔为 2m 的边坡进行稳定性分析，计算结果见表 8.15。由表 8.15 可知，随着淘刷深度的增加安全系数逐渐减小，符合一般规律。

表 8.15　　　　　　　　　　不同淘刷深度边坡安全系数统计表

淘刷深度/m	4	8	12	16	20
安全系数	6.68	4.65	3.53	2.28	1.21

如前文所述，由于抗拉强度缺少实测数据支撑，当前抗拉强度主要通过单轴抗压强度根据经验确定，存在较大的不确定因素，因此对抗拉强度进行敏感性分析，抗拉强度分别取值为 450kPa、400kPa、350kPa、300kPa、250kPa、200kPa、150kPa、100kPa、50kPa。不同淘刷深度边坡安全系数统计见表 8.16，由表中结果可知边坡安全系数随着抗拉强度的降低逐渐减小，当抗拉强度为 100kPa、淘刷深度为 8m 时安全系数为 1.03，接近临界状态。

表 8.16　　　　　　　　　　不同淘刷深度边坡安全系数统计

淘刷深度 /m	抗 拉 强 度/kPa								
	450	400	350	300	250	200	150	100	50
4	6.68	5.94	5.20	4.45	3.71	2.97	2.23	1.48	0.74
6	5.57	4.95	4.33	3.71	3.09	2.48	1.86	1.24	0.62
8	4.65	4.13	3.62	3.10	2.58	2.07	1.55	1.03	0.52
10	4.26	3.79	3.31	2.84	2.37	1.89	1.42	0.95	0.47
12	3.53	3.14	2.75	2.35	1.96	1.57	1.18	0.78	0.39
14	3.35	2.98	2.61	2.23	1.86	1.49	1.12	0.74	0.37
16	2.28	2.03	1.77	1.52	1.27	1.01	0.76	0.51	0.25
18	1.63	1.45	1.27	1.09	0.91	0.72	0.54	0.36	0.18
20	1.21	1.08	0.94	0.81	0.67	0.54	0.40	0.27	0.13

第 9 章

西域砾岩筑坝适宜性评价及分区利用原则

9.1　概述

从西域砾岩的分布上看，其在我国新疆维吾尔自治区及甘肃省西部等地分布广泛。其中在新疆维吾尔自治区范围内，西域砾岩层广泛分布于塔里木盆地周缘、昆仑山北麓、天山南北麓山前及山间盆地。充分研究西域砾岩的工程特性及筑坝技术，不仅可以满足新疆维吾尔自治区水利水电工程开发的需要，而且具有就地、就近取材，运输费用低，减少弃料，减少移民征占地，少占或不占农田等优点，对降低经济成本，保护生态环境具有重要意义。

西域砾岩的性质介于岩石与土之间，其结构复杂、抗压强度较低、软化系数小、颗粒级配差异较大、含泥量高，能否符合或如何处理才能符合《水利水电工程天然建筑材料勘察规程》（SL 251—2015）中对筑坝材料质量指标的要求，关乎西域砾岩筑坝可利用性问题。

9.2　西域砾岩坝料物理力学试验

从形状、颗粒级配、母岩成分等方面来看，西域砾岩与砂砾石很接近，但因其具备胶结的特性，又与砂砾石有所差别（图 9.1），所以在试验过程中，西域砾岩制样的条件、控制的标准都与普通砂砾石不同。

参考砂砾石力学特性试验，根据《碾压式土石坝设计规范》（SL 274—2020）中提及的需进行验算的内容，确定合理的试验内容。对西域砾岩坝料开展含水率试验、比重试验、块体密度试验、颗粒密度试验、吸水性试验、相对密度试验、坝料渗透试验、单轴抗压强度试验、单轴压缩变形试验、直剪试验及岩块波速测试等试验（表 9.1）。由于西域砾岩在浸水的情况下，其胶结物会随着浸水时间的增长慢慢流失、剥落，强度也明显降低，在进行西域砾岩静、动力试验研究时要充分考虑饱水的时间效应，关注西域砾岩的软化问题和湿化变形问题。

（a）西域砾岩　　　　　　　　　　　　　（b）普通砂砾石

图 9.1　西域砾岩与普通砂砾石对比照

表 9.1　　　　　　　　　　　　**西域砾岩物理力学特性试验**

试 验 项 目	试 验 指 标	依 据 规 程
含水率试验	含水率 $\omega/\%$	《水利水电工程岩石试验规程》 （SL/T 264—2020）
比重试验	比重 G_S	《土工试验方法标准》 （GB/T 50123—2019）
块体密度试验	天然密度 $\rho_o/(\text{g/cm}^3)$	《水利水电工程岩石试验规程》 （SL/T 264—2020）
	干密度 $\rho_d/(\text{g/cm}^3)$	
	饱和密度 $\rho_s/(\text{g/cm}^3)$	
颗粒密度试验	颗粒密度 $\rho_s/(\text{g/cm}^3)$	《水利水电工程岩石试验规程》 （SL/T 264—2020）
吸水性试验	自然吸水率 $\omega_a/\%$	《水利水电工程岩石试验规程》 （SL/T 264—2020）
	饱和吸水率 $\omega_s/\%$	
相对密度试验	最大干密度 $\rho_{dmax}/(\text{g/cm}^3)$	《土工试验方法标准》 （GB/T 50123—2019）
	最小干密度 $\rho_{dmin}/(\text{g/cm}^3)$	
坝料渗透试验	渗透系数 $k/(\text{cm/s})$	《土工试验方法标准》 （GB/T 50123—2019）
单轴抗压强度试验	饱和单轴抗压强度 R/MPa	《水利水电工程岩石试验规程》 （SL/T 264—2020）
	烘干单轴抗压强度 R/MPa	
	软化系数 η	
单轴压缩变形试验	变形模量 E/MPa	《水利水电工程岩石试验规程》 （SL/T 264—2020）
	弹性模量 E_e/MPa	
	泊松比 μ	
直剪试验	烘干/饱和黏聚力 C/MPa	《水利水电工程岩石试验规程》 （SL/T 264—2020）
	烘干/饱和内摩擦角 $\varphi/(°)$	
岩块波速测试	纵波波速 $V_p/(10^3\,\text{m/s})$	《水利水电工程岩石试验规程》 （SL/T 264—2020）

与普通砂砾石的相对密度试验相比，西域砾岩在制样过程中耗能较大，其制样的时间和控制条件需要进行专项研究。西域砾岩在开挖过程中会产生一定的破碎，还有一部分呈现胶结的状态，在碾压的过程中会呈现"先破碎，后密实"的状态，所以在进行相对密度试验时，所采用的击实功（振动频率、振动时间）应根据西域砾岩的具体种类进行相应的调整。由于在胶结岩块破碎的过程中会消耗一部分能量，常规的试验方法很可能无法满足西域砾岩的试验控制条件，因此在试验过程中，其控制指标要进行专项研究。应在合理相对密度试验的基础上，选择合适的相对密度控制指标作为试验的控制标准。

微观结构试验包括扫描电子显微镜（scanning electron microscope，SEM）试验、电子计算机断层扫描（computed tomography，CT）试验及矿物成分试验等，通过 SEM 和 CT 试验，可获取表征西域砾岩内部微观结构特征的图像并利用后处理软件对扫描结果进行三维数字模型重建，对重建模型的二维平面和三维立体结构进行定量描述和定量分析；矿物成分试验主要用于分析不同类别西域砾岩胶结物的矿物成分，对胶结物矿物成分的种类和含量进行定性定量测定。通过微观结构试验，可以探究西域砾岩内部微观结构组成、浸水前后微观结构的变化、胶结物的成分以及浸水前后胶结物胶结程度的变化，分析水对于西域砾岩微观结构的作用和对胶结物胶结程度的影响规律及其软化的特点。

9.3　不同区域的西域砾岩筑坝适宜性

根据不同地区西域砾岩的母岩岩性、胶结程度等特性分析西域砾岩筑坝后可能产生的表现，并分析筑坝适宜性。

9.3.1　基于母岩岩性的筑坝适宜性评价

母岩岩性分析的目的是根据母岩岩性判断是否存在软弱颗粒及软弱颗粒占总颗粒的比例，分析饱水后在一定压力下大于 5mm 的颗粒是否会发生破碎。如果软弱颗粒含量较大且饱水后发生破碎，将不适合作为筑坝材料或者需进行专项论证。表 9.2 是根据不同地区西域砾岩的母岩颗粒岩性对筑坝适宜性进行的初步评价，筑坝适宜性分为"适宜、一般、适宜性差"三类。一般母岩颗粒为硬岩，不含或少量含有软岩颗粒，且在饱水后软化不明显的西域砾岩适宜筑坝；母岩颗粒为硬岩，含有一定软岩颗粒但软岩颗粒未形成骨架，或含有一定量饱水软化颗粒，但未形成骨架，此类西域砾岩的筑坝适宜性为一般；母岩颗粒含有大量软岩颗粒，可能形成骨架，对大坝变形起控制作用，或含有大量饱水软化颗粒，此类西域砾岩的筑坝适宜性为适宜性差。对于母岩成分及软化特性复杂的西域砾岩，宜进行专项研究判断其是否适合筑坝。

表 9.2　　　　　　　　　基于母岩颗粒西域砾岩筑坝适宜性评价

区　域　位　置		母岩岩性	母岩硬度	筑坝适宜性
塔里木盆地南缘	—	成分复杂	需论证	—
塔里木盆地北缘	拜城—轮台地区	花岗岩、凝灰质砂岩、灰岩等	硬	适宜
	柯坪—哈拉峻地区	灰岩、砂岩为主	硬	适宜
	阿图什—乌恰地区	变质砂岩、灰岩、石英岩等	硬	适宜

区 域 位 置		母岩岩性	母岩硬度	筑坝适宜性
南天山地区	阿合奇地区	石灰岩为主	硬	适宜
	焉耆盆地	成分复杂	需论证	—
北天山地区	乌鲁木齐至乌苏地区	成分复杂	需论证	—
	精河—博乐地区	成分复杂	需论证	—
吐哈盆地	—	变质岩、火山岩、凝灰岩为主	硬	适宜
准噶尔盆地	额敏、和布克赛尔盆地	冰碛物再改造形成	需论证	—
	乌伦古河	石英岩、花岗岩、闪长岩等	硬	适宜
阿勒泰地区	—	变质岩、火山岩、板岩为主	一般	一般
阿尔金山北麓	—	片麻岩、花岗岩、砂岩为主	一般	一般

9.3.2 基于胶结程度的筑坝适宜性评价

胶结程度分析的目的是根据不同区域胶结物成分的组成及胶结程度来判断是否易于施工，分析在施工开挖和碾压时的难易程度，分析运行过程中遇水是否会发生软化，综合评判西域砾岩是否适合筑坝。表 9.3 是根据不同地区西域砾岩的胶结程度对筑坝适宜性进行的初步评价，胶结程度分为"较强、一般、较弱"三类。一般西域砾岩的胶结物成分为泥质、泥钙质且胶结程度较弱，施工开挖和碾压程度较容易，坝料遇水不软化，适宜筑坝；胶结物成分为泥质、泥钙质且胶结程度一般的，施工开挖和碾压难易程度一般，坝料遇水软化程度一般，此类西域砾岩的筑坝适宜性为一般，可放到坝体的下游区域（干燥区）；胶结物成分为泥质、泥钙质且钙质居多的西域砾岩，胶结程度较强，施工开挖和碾压程度相对困难，坝料遇水易发生软化，筑坝适宜性差。西域砾岩在施工碾压过程中，岩体一部分可能以母岩颗粒存在，其余部分可能存在胶结块，还需进一步破碎或加水进行软化，以达到施工碾压要求。对于胶结物成分及胶结程度特性复杂的西域砾岩，宜进行专项研究判断其是否适合筑坝。

表 9.3　　　　　　　　**基于胶结程度的西域砾岩筑坝适宜性评价**

区 域 位 置		胶结物成分	胶结程度	开挖难易	碾压难易	遇水软化	筑坝适宜性
塔里木盆地南缘	—	泥钙质、钙质	较强	一般	一般	一般	一般
塔里木盆地北缘	拜城—轮台地区	泥质、泥钙质					
	柯坪—哈拉峻地区	泥质、泥钙质	较强	一般	一般	一般	一般
	阿图什—乌恰地区	泥钙质、钙质					
南天山地区	阿合奇地区	泥质、泥钙质					
	焉耆盆地	—	较强	一般	一般	一般	一般
北天山地区	乌鲁木齐—乌苏地区	泥质、泥钙质	较弱	容易	容易	不软化	适宜
	精河—博乐地区	泥质、泥钙质	较弱	容易	容易	不软化	适宜
吐哈盆地	—	钙质	极强	困难	困难	软化	适宜性差

续表

区　域　位　置		胶结物成分	胶结程度	开挖难易	碾压难易	遇水软化	筑坝适宜性
准噶尔盆地	额敏、和布克赛尔盆地	泥钙质	一般	一般	一般	一般	一般
	乌伦古河	钙泥质	较强	一般	一般	一般	一般
阿勒泰地区	—	泥钙质	一般	困难	困难	软化	适宜性差
阿尔金山北麓	—	钙泥质	较强	一般	一般	一般	一般

9.4　典型工程西域砾岩筑坝适宜性

近年来新疆地区水利水电开发力度加大，西域砾岩作为一种新疆地区广泛存在的特殊地质条件，许多工程建于该地质条件中。然而，现有文献主要集中于其地质成因及地层年代的研究，涉及工程建设实践经验及工程特性研究的较少。

本节通过收集典型西域砾岩地质条件修建工程的地质资料与试验资料，对所涵盖工程项目的西域砾岩筑坝适宜性进行研究，参考《水利水电工程天然建筑材料勘察规程》（SL 251—2015）中的相关规定，主要从西域砾岩的颗粒级配、胶结程度、物理力学性质方面展开研究。

9.4.1　基于颗粒级配的筑坝适宜性评价

级配分析目的是根据粒径判断不同区域的西域砾岩是否适宜筑坝。由于西域砾岩的母岩组成复杂，级配的离散性和非连续性是西域砾岩最显著的特点。级配的差异使其物理力学特性存在差异。采用西域砾岩填筑的坝壳区有可能呈现自由透水性，也有可能呈现半透水性。同时，由于西域砾岩颗粒磨圆度好，颗粒间咬合力较小，在低应力下抗剪强度低于堆石料，其坝坡应稍缓于堆石料。

通常将西域砾岩填筑在坝壳部位，且多位于水上部分，以保证工程的稳定性。而坝壳料的颗粒级配是影响土料性质的重要因素，即使为同一母岩的风化产物，不同的颗粒级配，其性质和用途也完全不同。因此，坝壳料的颗粒级配分析是土料力学性质和工程应用研究的基础。本节对五一水库、XSX 水电站、奴尔水利枢纽沙尔托海水利枢纽、台斯水库、战备沟水库等典型工程中的西域砾岩粒径分布特征进行统计归纳，具体内容见表9.4，其中重点关注最大粒径、含泥量、不均匀系数 C_u 值和曲率系数 C_c 值等关键指标。通常，砂砾石料在筑坝碾压时其填筑层的厚度一般为 $0.30 \sim 0.60$m，而填筑料的最大粒径一般不宜超过填筑层厚度的 3/4，故最大粒径控制在 $225 \sim 450$mm 以下。五一水库的最大粒径为 350mm，XSX 水电站的最大粒径为 400mm，介于 $225 \sim 450$mm 之间，

图 9.2　沙尔托海水利枢纽西域砾岩

但是含泥量较高，超过了规范中规定的含泥量小于 8% 的要求，故筑坝适宜性差或应经过处理后再使用。如五一水库的西域砾岩，经过处理后可以用于筑坝，其在实际工程运行中的表现也正常。沙尔托海水利枢纽的最大粒径为 150mm（小于 225mm），适宜筑坝（图9.2）；台斯水库的最大粒径为 600mm（超过 450mm），筑坝适宜性差，用来筑坝时必须对大粒径颗粒进行处理；战备沟水库粒径一般为 1~8cm，含零星漂石，虽有大粒径但是不多，故筑坝适宜性一般；奴尔水利枢纽含泥量为 1.1%~2.6%，满足规范的要求（小于 8%），不均匀系数 C_u 为 105.9~590.9，粒径跨度大，满足 $C_u \geqslant 5$ 的要求，曲率系数 C_c 为 1.9~4.4，部分满足 C_c 在 1~3 之间的要求，存在部分不良级配的西域砾岩，在筑坝的时候应该尽可能选择级配良好的西域砾岩作为坝料，避免额外的工程处理措施，增加施工难度，故其筑坝适宜性一般。

表 9.4　　　　　　典型工程中基于颗粒级配的西域砾岩筑坝适宜性评价

编号	工程名称	西域砾岩砾石粒径分布特征	最大粒径/mm	含泥量/%	C_u	C_c	筑坝适宜性
1	五一水库	砾石粒径一般为 50~100mm，大者达 350mm，砾石成分以花岗岩、辉绿岩、凝灰岩为主	350	—	—	—	一般
2	XSX水电站	砾石含量为 80% 左右，分选性中等，粒径一般为 10~50mm，大者达 400mm 左右	400	16.4~19.5	—	—	适宜性差
3	奴尔水利枢纽	粒径大于 200mm 含量的 45.2%~58.4%；粒径为 200~60mm 含量的 13.5%~22.7%；粒径为 60~20mm 含量的 10.2%~11.4%；粒径为 20~5mm 含量的 6.7%~9.4%；粒径为 5~2mm 含量的 2.1%~3.6%；粒径为 2~0.5mm 含量的 3.0%~6.0%；粒径为 0.5~0.25mm 含量的 1.5%~2.6%；粒径为 0.25~0.075mm 含量的 1.2%~3.6%；粒径小于 0.075mm 含量的 1.1%~2.6%	—	1.1~2.6	105.9~590.9	1.9~4.4	一般
4	沙尔托海水利枢纽	粗粒砾岩中砾石粒径一般为 30~80mm，最大为 150mm；细粒砾岩多为含砂细砾岩，其砾石粒径一般为 5~10mm	150	—	—	—	适宜
5	台斯水库	西域砾岩中卵、砾石粒径一般为 20~100mm，大小混杂，最大可达 500~600mm	600	—	—	—	适宜性差
6	战备沟水库	粒径一般为 1~8cm，含零星漂石，磨圆好，多呈次圆、浑圆状，砂为中粗砂，成分为石英、长石及岩屑	—	—	—	—	一般

9.4.2　基于胶结程度的筑坝适宜性评价

根据新疆西域砾岩胶结物的调查及已有部分工程试验成果，西域砾岩常见的胶结物成分主要有钙质、泥钙质、泥质三种，西域砾岩的胶结程度极大地影响着其碾压后的颗粒分布、碾压质量及碾压施工工艺的选择，所以针对西域砾岩筑坝技术的研究，要关注这一特性。一般认为，胶结程度较弱，且以泥质胶结为主的西域砾岩在开挖过程中较易破碎，后期不易产生二次破碎，其适宜筑坝；胶结程度较强，且以钙质胶结为主的西域砾岩在开挖过程中不易破碎，在碾压过程中易产生二次破碎，碾压较难控制，其筑坝适宜性差；以泥钙质胶结为主或胶结成分复杂，胶结程度中等的西域砾岩，筑坝适宜性一般。下面通过对典型工程项目中西域砾岩的胶结程度进行统计分析，对其筑坝适宜性进行评价（表9.5）。

五一水库筑坝用西域砾岩较为松散，胶结程度一般，对坝料的开采、碾压难度不大，但是遇水易软化，筑坝适宜性一般；XSX水电站筑坝用西域砾岩多以中等胶结程度为主，弱胶结较少，筑坝适宜性一般；奴尔水利枢纽一般为半胶结，且以泥质胶结为主，泥质胶结遇水浸泡容易发生颗粒剥落，软化系数小，筑坝适宜性一般；莫莫克水利枢纽主要为泥钙质、泥质胶结，岩体完整，胶结程度较强难以破碎，筑坝适宜性差；沙尔托海水利枢纽以泥钙质胶结或半胶结为主，局部为钙质弱胶结，胶结程度一般，故筑坝适宜性一般；台斯水库以泥质胶结为主，局部泥钙质胶结，岩石强度随胶结物中钙质、泥质含量比例而变化，胶结程度不一，筑坝适宜性需论证；阳霞水库泥钙质胶结或半胶结，胶结程度一般，分选性好，筑坝适宜性一般；战备沟水库具有垂向分层胶结的特点，泥砂含量较高时，泥钙质胶结好，岩性为砾岩、黏土岩，泥砂含量较少时，岩性为泥钙质胶结差或半胶结的砂卵砾石，胶结程度分层且复杂，筑坝适宜性需论证。其中胶结程度不同的西域砾岩如图9.3所示，可见西域砾岩的复杂性，同一部位胶结程度也存在明显差异。

表9.5　　　　　　　典型工程中基于胶结程度的西域砾岩筑坝适宜性评价

编号	工程名称	西域砾岩的胶结程度相关描述	筑坝适宜性
1	五一水库	肉眼观察为土黄色或灰色、疏松、块状或松散状，泥钙质、钙质胶结或半胶结，遇水易软化	一般
2	XSX水电站	以泥钙质胶结为主，胶结程度中等；泥钙质弱胶结砾岩分布范围很小，呈透镜体状，分布杂乱、无规律，其比例占5%左右	一般
3	奴尔水利枢纽	以泥质胶结为主，一般为半胶结状态，中粗砂充填，结构密实；另外也可见胶结较差的砾岩夹层，呈透镜状分布	一般
4	莫莫克水利枢纽	灰色、灰黄色巨厚层西域砾岩，局部夹薄层砂岩，钙泥质、泥质胶结，岩层产状稳定，岩体较完整	适宜性差
5	沙尔托海水利枢纽	以泥砂质胶结或半胶结为主，局部为钙质弱胶结	一般
6	台斯水库	以泥质胶结为主，局部泥钙质胶结，岩石强度随胶结物中钙质、泥质含量比例而变化，裂隙不发育，岩体较完整，结构较密实	需论证
7	阳霞水库	碎屑结构，层理不发育，泥砂质胶结或半胶结，砾石磨圆及分选性较好	一般
8	战备沟水库	具有垂向分层胶结的特点，泥质含量较高时，泥钙质胶结好，岩性为砾岩、黏土岩；泥质含量较少时，岩性为泥钙质胶结差或半胶结的砂卵砾石	需论证

9.4.3 基于坝料物理力学性质的筑坝适宜性评价

目前西域砾岩的研究还是以传统岩体工程特性研究手段为主，包括物理性质试验研究（通过物理性质试验获得容重、孔隙性、水理性、软化性等基本指标）、力学特性试验（通过室内试验、原位试验、数值试验获得渗透系数，单轴抗压强度、抗剪强度指标，颗粒级配、弹性模量、变形模量等变形和强度指标）等。由于西域砾岩物理力学性质特殊，传统试验方法难以描述其复杂的物理力学行为特性，对已有工程项目的西域砾岩物理力学性质进行归纳统计（表9.6），旨在间接反映西域砾岩

图 9.3　胶结程度不同的西域砾岩

在工程筑坝方面的适宜性问题，同时通过已有工程项目的经验，提出西域砾岩筑坝适宜性评价的试验方法。

9.4.3.1 渗透特性

西域砾岩在工程筑坝应用时，常常填筑在坝体坝壳区域，故对其击实后的渗透特性有着较高的要求。本部分内容以收集到的工程地质材料为基础，整理分析西域砾岩在不同工程中的渗透特性（表9.7），通过现有西域砾岩的渗透特性，分析西域砾岩击实后渗透特性的主要变化及其对筑坝适宜性的影响。《水利水电工程天然建筑材料勘察规程》（SL 251—2015）中要求砂砾石料（击实后）的渗透系数指标应大于 $1 \times 10^{-3} \text{cm/s}$，西域砾岩在击实后，颗粒间排列更紧密，而且破碎的细颗粒可以填充到缝隙中，导致其渗透系数减小。对于 XSX 水电站西域砾岩，在未击实状态下的渗透系数最大值已经不满足要求，待击实后其值更小，无法达到 $1 \times 10^{-3} \text{cm/s}$ 级别，同时 XSX 水电站西域砾岩的含泥量较高，最小值达到 16.4%，远超规范规定值（<8%），故 XSX 水电站西域砾岩筑坝适宜性差。五一水库西域砾岩在未击实状态下的渗透系数最大值还能保持在 $7.2 \times 10^{-2} \text{cm/s}$，渗透性较好，而其最小值已小于规定值，故筑坝适宜性一般。奴尔水利枢纽西域砾岩的渗透系数最小值为 $8.5 \times 10^{-2} \text{cm/s}$，渗透性强，同时含泥量低，适宜筑坝。

由表9.7还可以发现 XSX 水电站西域砾岩渗透性明显小于五一水库和奴尔水利枢纽西域砾岩的渗透性。可见 XSX 水电站西域砾岩含泥量明显偏高是造成渗透性较低的原因。结合西域砾岩在三个工程中所表现出的力学特性可知（表9.6），XSX 水电站西域砾岩的强度参数要普遍高于另外两个工程。一方面，XSX 水电站西域砾岩的胶结性能绝大部分为较好的中等胶结，胶结物将西域砾岩中砾石及砂较为牢固地黏合在一起，作为一个整体发挥强度效应；另一方面，含泥量高、渗透性低使得胶结物成分得到了较好的保护，不至于在水环境中快速溶解，形成流失通道。总之，XSX 水电站西域砾岩具有较高强度的参数与其胶结强度高、胶结性能稳定有密切关系。

表 9.6　典型水利水电工程西域砾岩物理力学性质

工程项目	风化程度	比重 G_s	天然密度 ρ_0/(g/cm³)	烘干密度 ρ_d/(g/cm³)	饱和密度 ρ_s/(g/cm³)	天然含水率 ω_0/%	自然吸水率 ω_a/%	饱和吸水率 ω_s/%	孔隙率 n/%	单轴抗压强度/MPa 烘干状态 R_t	饱和状态 R_s	软化系数 η	饱和状态单轴压缩变形 变形模量 E/(10³MPa)	弹性模量 E_e/(10³MPa)	静弹 泊松比 μ	抗剪强度 烘干状态 黏聚力 c/MPa	内摩擦角 φ/(°)	饱和状态 黏聚力 c/MPa	内摩擦角 φ/(°)	允许承载力 f/MPa
五一水库	微风化~新鲜	2.69~2.71	—	2.38~2.48	2.50~2.57	—	2.59~4.43	3.25~4.77	8.15~11.52	3.5~5.7	0.7~3.0	0.28~0.56	0.03~0.31	0.08~0.44	0.32~0.37	1.1~3.7	37~40	0.9~3.55	32~36.5	—
奴尔水利枢纽	—	—	—	—	2.21~2.25	2.2~2.7	—	—	—	—	—	—	—	—	—	—	—	8.0~16.0	39.0~40.5	—
XSX水电站	弱风化	—	—	—	—	—	—	—	—	—	40	—	12	—	—	—	—	—	—	—
XSX水电站	微风化~新鲜	—	—	—	—	—	—	—	—	—	55	—	20.5	—	—	—	—	—	—	0.65
莫莫克水利枢纽	弱风化	2.61~2.72	2.43~2.56	2.39~2.59	2.48~2.63	0.73~1.6	1.7~3.63	1.93~3.69	4.78~8.78	8.51~57.3	1.81~20	0.13~0.5	0.153~2.06	0.234~2.38	0.27~0.28	0.8~7.8	39~46.5	0.5~0.9	40~41.5	0.65
莫莫克水利枢纽	微风化~新鲜	2.66~2.7	2.55~2.58	2.52~2.56	2.58~2.6	0.74~1.06	1.66~2.56	1.69~2.74	4.48~6.67	15.5~65.6	4.36~20.3	0.21~0.48	1.13~3.4	1.69~3.84	0.24~0.26	2~8.1	45~46	0.8~1.3	40.5~42.5	0.8
沙尔托海水利枢纽	弱风化	—	—	—	2.1	—	—	—	—	—	0.8	—	0.09	0.38	0.32	—	—	0.04	33	0.6
沙尔托海水利枢纽	微风化~新鲜	—	—	—	2.1~2.3	—	—	—	—	—	1.10	—	0.1	0.40	0.31	—	—	0.05	35	0.6
台斯水库	弱风化	2.70	—	2.50	—	—	—	2.70	—	15	10	—	1.30	2.40	0.33	—	—	0.12	36.9	0.8
台斯水库	微风化~新鲜	2.70	—	2.52	—	—	—	2.50	—	20	14	—	1.60	2.80	0.30	—	—	0.13	38.0	0.9
阳霞水库	弱风化至微风化	—	2.46	2.42	—	1.41	—	—	11	—	1.0	—	—	—	—	—	—	0.10~0.15	36.0~37.0	0.5~0.6
战备沟水库	—	2.79~2.96	2.17~2.43	2.3~2.5	2.5~2.7	—	—	—	—	—	—	—	0.35~0.5	—	—	0	35~37	0	33~35	0.8~1

表 9.7   典型工程中基于渗透特性的西域砾岩筑坝适宜性评价

工程名称	编号	渗透系数/(cm/s)	含泥量/%	筑坝适宜性
五一水库	最小值	9.1×10^{-3}	4.7	一般
	最大值	7.2×10^{-2}	3.3	
XSX 水电站	最小值	1.1×10^{-4}	16.4	适宜性差
	最大值	6.6×10^{-4}	19.5	
奴尔水利枢纽	最小值	8.5×10^{-2}	3.0	适宜
	最大值	3.1×10^{-1}	1.7	

9.4.3.2 强度特性

典型工程中基于强度特性的西域砾岩筑坝适宜性评价见表 9.8。由表 9.8 可知，莫莫克水利枢纽西域砾岩的软化系数值最小，为 0.13～0.5；五一水库西域砾岩软化系值最大，为 0.28～0.56，且二者都小于 0.75，可见西域砾岩在这些典型工程中普遍存在遇水软化的问题，且软化较为严重。因此，在筑坝中应尽量避免将软化系数小的西域砾岩填筑于坝体的水下部分，应尽可能将其填筑在干燥区，避免因西域砾岩遇水软化而降低强度，进而引起坝体的变形沉陷等工程安全问题。

对表 9.8 中各个工程的抗剪强度进行对比分析可见，烘干状态抗剪强度较高，在饱和状态下，抗剪强度明显下降，内摩擦角一般下降 3.5°～5°。其中有数据统计的工程中，西域砾岩的内摩擦角都在 30°以上，最小值出现在五一水库工程中，其值为 32°，可见在工程中西域砾岩的抗剪强度一般都满足规范要求，保持在一个较为稳定的区间，大致为 32°～42.5°。在实际工程中，西域砾岩经碾压后，颗粒间更加密实，内摩擦角还有可能进一步增大，但由于各个工程中的软化系数又都偏低，故多数工程西域砾岩的筑坝适宜性为一般。莫莫克水利枢纽软化系数较小，故该工程的西域砾岩筑坝适宜性差。

表 9.8   典型工程中基于强度特性的西域砾岩筑坝适宜性评价

工程项目	风化程度	单轴抗压强度/MPa		软化系数 η	抗 剪 强 度				筑坝适宜性
					烘干状态		饱和状态		
		烘干状态/R_t	饱和状态/R_s		黏聚力 c/MPa	内摩擦角 φ/(°)	黏聚力 c/MPa	内摩擦角 φ/(°)	
五一水库	微风化～新鲜	3.5～5.7	0.7～3.0	0.28～0.56	1.1～3.7	37～40	0.9～3.55	32～36.5	一般
奴尔水利枢纽	—						8.0～16.0	39.0～40.5	一般
XSX 水电站	弱风化		40						一般
	微风化～新鲜	—	55						
莫莫克水利枢纽	弱风化	8.51～57.3	1.81～20	0.13～0.5	0.8～7.8	39～46.5	0.5～0.9	40～41.5	适宜性差
	微风化～新鲜	15.5～65.6	4.36～20.3	0.21～0.48	2～8.1	45～46	0.8～1.3	40.5～42.5	

续表

工程项目	风化程度	单轴抗压强度/MPa		软化系数 η	抗　剪　强　度				筑坝适宜性
		烘干状态/R_t	饱和状态/R_s		烘干状态		饱和状态		
					黏聚力 c/MPa	内摩擦角 φ/(°)	黏聚力 c/MPa	内摩擦角 φ/(°)	
沙尔托海水利枢纽	弱风化	—	0.8	—	—	—	0.04	33	一般
	微风化～新鲜	—	1.10	—	—	—	0.05	35	
台斯水库	弱风化	15	10	—	—	—	0.12	36.9	一般
	微风化新鲜	20	14	—	—	—	0.13	38.0	
阳霞水库	弱风化～微风化	—	1.0	—	—	—	0.10～0.15	36.0～37.0	一般
战备沟水库	—	—	—	—	0	35～37	0	33～35	一般

9.4.3.3　压实特性

　　天然的西域砾岩在料场开采后，往往很难实现各个质量技术指标都满足要求，通常需要结合坝体填筑的设计要求，做出相应的工程处理措施，如剔除较大粒径、加水碾压达到设计的颗粒级配要求、对料源选择性使用及优化开采方式等，同时需要对筑坝料处理的经济技术可行性进行分析，选择合理的处理方式。经过处理后的西域砾岩能达到常规砂砾石料的颗粒形状和级配特点，一般容易压实到较高的密实度。故西域砾岩在坝壳的填筑中，往往可借鉴砂砾石料的部分经验，根据《水工设计手册》，砂砾石料的物理力学体系指标与级配中大于 5mm 的粗颗粒含量（P_5）有着密切关系。当 P_5 为 60% 左右时，可以达到最大压实干密度。如表 9.4 所示，在奴尔水利枢纽，西域砾岩砾石粒径中大于 5mm 的粗颗粒含量在 75.6% 左右，故可以达到一个较好的压实度。同时其他工程西域砾岩的粒径一般也是在 5～100mm 之间，小于 5mm 的粒径一般分布较少，结合各个工程西域砾岩的含泥量基本维持在 8% 以下，可见细颗粒不多，主要是以大于 5mm 的粒径作为骨架，细颗粒主要起到填充作用，故可达到较高的干密度，保证工程的需要。

　　典型工程中基于压实特性的西域砾岩筑坝适宜性评价见表 9.9。由表 9.9 可知各个工程西域砾岩的天然密度和烘干密度，其中天然密度范围为 2.17～2.58g/cm³，烘干密度范围为 2.30～2.59g/cm³，都保持在一个较为密实的情况。在饱和状态下，部分弱胶结的西域砾岩，其胶结物会渐渐溶解，颗粒间出现剥落现象，强度会明显下降。通过对比饱和状态下西域砾岩的变形模量情况，发现工程中的西域砾岩变形模量都在 30MPa 以上，属于低压缩性，在碾压过程中可以比较容易地达到压实要求，填筑后坝体的整体变形较小，符合长期稳定的要求。但是，其中 XSX 水电站的西域砾岩变形模量在 12G～20.5GPa 之间，比其他工程高出许多，这就给其施工过程的碾压、破碎控制提出了一定的要求，故相对而言，其筑坝适宜性差。部分工程西域砾岩变形体系参数不足，还需进一步论证确定其筑坝的适宜性。

表 9.9　　　　　　典型工程中基于压实特性的西域砾岩筑坝适宜性评价

工程项目	风化程度	比重 G_s	天然密度 ρ_o /(g/cm³)	烘干密度 ρ_d /(g/cm³)	饱和密度 ρ_s /(g/cm³)	孔隙率 n	饱和状态单轴压缩变形		静弹	筑坝适宜性
							变形模量 E/(10³ MPa)	弹性模量 E_e/(10³ MPa)	泊松比 μ	
五一水库	微风化~新鲜	2.69~2.71	—	2.38~2.48	2.50~2.57	8.15~11.52	0.03~0.31	0.08~0.44	0.32~0.37	适宜
奴尔水利枢纽					2.21~2.25					适宜
XSX水电站	弱风化						12			适宜
	微风化~新鲜						20.5			适宜性差
莫莫克水利枢纽	弱风化	2.61~2.72	2.43~2.56	2.39~2.59	2.48~2.63	4.78~8.78	0.153~2.06	0.234~2.38	0.27~0.28	适宜
	微风化~新鲜	2.66~2.7	2.55~2.58	2.52~2.56	2.58~2.6	4.48~6.67	1.13~3.4	1.69~3.84	0.24~0.26	适宜
沙尔托海水利枢纽	弱风化				2.1		0.09	0.38	0.32	适宜
	微风化~新鲜				2.1~2.3		0.1	0.40	0.31	适宜
台斯水库	弱风化	2.70		2.50			1.30	2.40	0.33	适宜
	微风化~新鲜	2.70		2.52			1.60	2.80	0.30	适宜
阳霞水库	弱风化至微风化	—	2.46	2.42		11	—	—	—	需论证
战备沟水库	—	2.79~2.96	2.17~2.43	2.3~2.5	2.5~2.7		0.35~0.5			适宜

9.5　西域砾岩筑坝适宜性综合评价

（1）从物理力学特性上看，不同区域的西域砾岩的粒径、母岩岩性、胶结物成分、胶结程度及磨圆度等特征具有明显差别，其物理力学特性常常介于土体与岩体之间，性质十分特殊。西域砾岩的砾石粒径一般在 2~100mm 之间，局部夹杂漂石，最大粒径在 600mm 左右，粒径跨度大；不均匀系数 C_u 往往大于 5，据已有数据统计其值多在 105.9~590.9 之间，曲率系数 C_c 为 1.9~4.4，天然料场存在部分级配良好的西域砾岩可以利用。西域砾岩常见的胶结物成分主要有钙质、泥钙质、泥质三种，泥质胶结物遇水易剥落流失，造成西域砾岩颗粒重新排列，强度降低，故西域砾岩的胶结程度极大地影响着其碾压后的颗粒分布、碾压质量及碾压施工工艺选择。西域砾岩的渗透系数一般在 10^{-5}~10^{-3}cm/s 之间，含泥量在 1.1~19.5% 之间，同时其渗透系数受含泥量的影响显著，含泥量高、渗透性低使得胶结物成分得到较好的保护，不至于在水中快速溶解，形成流失通道；同时胶结物将西域砾岩中的砾石和砂较为牢固地黏合在一起，作为一个整体发挥较高的强度效应，故西域砾岩的强度参数与其胶结强度高、胶结性能稳定有密切关系。

西域砾岩的软化系数一般都小于 0.75，可见西域砾岩在工程中普遍存在遇水软化的问题，软化系数较小。西域砾岩在烘干状态下抗剪强度较好，在饱和状态下，抗剪强度明显下降，内摩擦角一般下降 3.5°～5°。但是在饱和状态下，西域砾岩的内摩擦角也能保持在 30°以上，具有较高的抗剪强度。

（2）从筑坝适宜性评价上看：

1）由于西域砾岩具有结构复杂、胶结特性复杂、抗压强度低、软化系数小、颗粒级配较细、含泥量高等特点，一般不满足堆石料设计指标要求，因而不得不大量废弃另辟料场，不仅增加了工程造价，而且也给生态与环境保护带来了负面影响。天然的西域砾岩在料场开采后，往往很难实现各个质量技术指标都满足筑坝要求，通常需要结合坝体填筑的设计要求，选择技术可行、经济合理的处理措施。故在工程实践中，规范中对砂砾石料的技术指标规定（尤其是单项技术指标）不能作为西域砾岩利用料能否在筑坝中使用的唯一判别标准，有的指标缺陷可以通过处理措施得到解决，所以在评价西域砾岩的筑坝适宜性时，要综合考虑质量技术指标、设计要求和工程经验，不能将质量技术指标作为唯一依据。

2）针对西域砾岩的工程特性，本书主要基于西域砾岩的母岩岩性、颗粒级配、胶结程度、渗透特性、强度特性、压实特性等筑坝适宜性评价方法，对不同区域和不同工程项目上的西域砾岩进行初步评定，便于西域砾岩在土石坝工程填筑上的推广应用。其中，对西域砾岩的筑坝适宜性分为"适宜、一般、适宜性差"三类，如一般母岩颗粒为硬岩，不含或少量含有软岩颗粒，且在饱水后软化不明显的西域砾岩适宜筑坝；母岩颗粒为硬岩，含有一定软岩颗粒但软岩颗粒未形成骨架，或含有一定量饱水软化颗粒，但未形成骨架，此类西域砾岩的筑坝适宜性为一般；母岩颗粒含有大量软岩颗粒，可能形成骨架，对大坝变形起控制作用，或含有大量饱水软化颗粒，此类西域砾岩筑坝适宜性差；对于母岩成分及软化特性复杂的西域砾岩，宜进行专项研究判断其是否适合筑坝。还将胶结程度分为"较强、一般、较弱"三类，并对筑坝适宜性进行评价。一般西域砾岩的胶结物成分为泥质、泥钙质且胶结程度较弱的，施工开挖和碾压程度较容易，岩体遇水不软化，适宜筑坝；胶结物成分为泥质、泥钙质且胶结程度一般的，施工开挖和碾压难易程度一般，岩体遇水软化程度一般，此类西域砾岩筑坝适宜性为一般，可放到坝体的下游（干燥）区域；胶结物成分为泥质、泥钙质且钙质居多的西域砾岩，胶结程度较好，施工开挖和碾压程度相对困难，岩体遇水易发生软化，筑坝适宜性差。在施工碾压过程中，岩体一部分可能以母岩颗粒存在，其余部分可能存在胶结块，还需进一步破碎或加水进行软化来达到施工碾压要求。对于胶结物成分及胶结程度特性复杂的西域砾岩，宜进行专项研究判断其是否适合筑坝。同时针对颗粒级配、渗透特性、强度特性、压实特性等方面的评价，主要依据《水利水电工程天然建筑材料勘察规程》（SL 251—2015）中砂砾石料的质量标准，做出"满足，基本满足，不满足"三种类别的判别，并对筑坝适宜性进行评价，分别对应"适宜、一般、适宜性差"三类评价。

在工程实践中，不论是西域砾岩还是天然砂砾石料，将其应用到大坝的填筑上时，经常会有某一项或某几项技术指标不符合《水利水电工程天然建筑材料勘察规程》（SL 251—2015）的规定，但经过一定的处理措施后仍可在工程建设中使用。因此，关于规范中天然建筑材料技术指标的规定，不能作为能否在工程中使用的唯一判别标准，有的质量缺陷可以通过合理的工程处理措施得到解决，级配不理想可以通过掺和人工破碎料进行调整，坝料含水率低可以掺水进行调整；有的质量缺陷可以通过工程措施解决，如质量稍差的料可以用在干燥区等。故在评价西域砾岩的筑坝适宜性时，要综合考虑质量技术指标、设计要求和工程经验后综合评价，不能将把质量技术指标作为唯一依据。

9.6　西域砾岩坝料空间优化布置方法

坝壳料是维持坝体稳定的主体，也是采用材料类型最多的分区。随着大型、重型设备的应用，对坝壳料的要求也逐渐放宽。因此，料场开采和枢纽建筑物开挖的西域砾岩也可以用于填筑坝壳。

由于西域砾岩分布地域较广，不同地域的西域砾岩的各项技术指标差异悬殊，在实际应用中，应对西域砾岩利用料的填筑分区进行专项论证，优化空间布置方式，特别关注西域砾岩的软化系数、胶结程度、母岩岩性、渗透系数等。针对饱和抗压强度小于 30MPa、胶结程度弱的西域砾岩利用料多要求填筑于防渗体下游坝壳内下游水位以上的部位，正是由于西域砾岩胶结程度复杂、遇水易软化的原因，故常常将西域砾岩填筑在大坝坝壳浸润线以上位置，以保证大坝的长期安全稳定运行。

第 10 章

西域砾岩筑坝工程案例

10.1 五一水库工程

10.1.1 工程概况

五一水库工程位于新疆维吾尔自治区巴音郭楞蒙古自治州轮台县群巴克乡境内，水库坝址位于迪那河中下游河段、出山口以上 5km 处，峡谷入口下游约 400m 处，距轮台县以北 40km。五一水库是迪那河干流上的控制性工程，具有供水、灌溉、防洪兼顾发电等综合效益。水库正常蓄水位 1370.00m，总库容 0.995 亿 m^3，正常蓄水位对应库容 0.9106 亿 m^3，死水位 1340.00m，死库容 0.3192 亿 m^3，属 Ⅲ 等中型工程。枢纽工程主要建筑物由沥青混凝土心墙坝、导流兼泄洪冲沙洞、溢洪洞、发电引水系统等组成。

沥青混凝土心墙坝坝顶高程 1375.70m，最大坝高 102.50m，坝顶宽度 10.0m，坝长 399.8m。坝体上游坝坡为 1:2.5，上游围堰与坝体结合；下游坝坡为 1:2.0，坝坡分别在 1350.00m 高程、1315.00m 高程处设 2.0m 宽马道。坝体断面以沥青混凝土防渗体为中心，分别向上、下游两侧填筑，主要有防渗体、上下游过渡料、砂砾料区、开挖料利用区。

10.1.2 工程中西域砾岩的利用情况

五一水库工程坝体总填筑量为 120 万 m^3，利用西域砾岩筑坝的方量为 60.8 万 m^3，占坝体填筑量的 50.7%。西域砾岩开挖料的利用比例比较大，且在坝体上、下游坝壳区均有利用，五一水库沥青混凝土心墙坝典型剖面如图 10.1 所示。

10.1.3 西域砾岩利用料物理力学特性

10.1.3.1 物理力学参数汇总及评价

西域砾岩开挖利用料在施工现场堆积为两个片区，命名为 L1 料场、L2 料场。在围堰填筑和 2010 年坝体填筑中也利用了一部分西域砾岩，坝体填筑用的砂砾石区域称为 C1 料场。物理力学参数汇总见表 10.1。

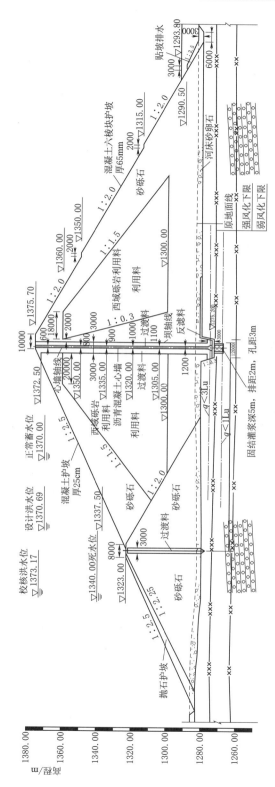

图 10.1 五一水库沥青混凝土心墙典型坝剖面（尺寸单位：mm）

对 L1 和 L2 料场的西域砾岩利用料、C1 料场的砂砾石料以及西域砾岩利用料碾压后的坝料进行多组物理力学特性试验，从试验结果可知（表 10.1），L1 和 L2 料场的西域砾岩利用料的各项质量技术指标基本满足《水利水电工程天然建筑材料勘察规程》（SL 251—2015）的要求（如砾石含量、含泥量、内摩擦角、紧密密度等），其中主要存在个别利用料的含泥量超标，不过超标量较小，稍加处理后均可加以利用，满足工程的需要。同时在物理力学特性上，西域砾岩利用料与 C1 料场的砂砾石料相近，满足工程填筑的需要。

10.1.3.2　渗透特性试验研究参数汇总及评价

现将渗透试验工作按 L1 料场利用料、L2 料场利用料、围堰利用料、2010 年利用料、C1 料场砂砾石料分述如下。渗透试验成果汇总见表 10.2。

对 L1 和 L2 料场的西域砾岩利用料、C1 料场的砂砾石料以及西域砾岩利用料碾压后的坝料进行渗透试验，从试验结果可知（表 10.2），L1 和 L2 料场的西域砾岩利用料（包括碾压前和碾压后）的渗透特性技术指标均完全满足《水利水电工程天然建筑材料勘察规程》（SL 251—2015）的要求，同时 L1 和 L2 料场的西域砾岩利用料的渗透特性与 C1 料场的砂砾石料相近，满足工程的需要，便于施工，可以保证工程的安全与稳定。

10.1.3.3　五一水库工程西域砾岩利用料物理力学特性评价

由五一水库工程西域砾岩利用料的物理力学特性试验、渗透特性试验、静三轴试验和动三轴试验的结果可知，L1 和 L2 料场的西域砾岩利用料（包括碾压前、碾压后）的各项质量技术指标基本满足《水利水电工程天然建筑材料勘察规程》（SL 251—2015）的要求（如砾石含量、含泥量、内摩擦角、紧密密度、渗透系数等），其中主要存在个别利用料的含泥量超标，不过超标量较小，稍加处理后均可加以利用，满足工程的需要。同时在物理力学特性及渗透特性上，西域砾岩利用料与 C1 料场的砂砾石料相近，有助于坝壳料的协同作用，可满足工程填筑的需要。

表 10.3 为筑坝利用料的邓肯 E - B 模型参数。由上述静三轴试验结果可知，在本次试验条件下，五一水库西域砾岩利用料均具有较高的抗剪强度指标，其抗剪强度指标和邓肯 E - B 模型参数，经工程类比符合坝壳砂砾石料的一般规律，同时发现西域砾岩利用料风干样的强度和模量均较饱和样高，故在工程实施过程要多加关注西域砾岩的软化问题和湿化变形问题。

基于以上试验研究，从西域砾岩利用料的物理力学特性出发，综合认定五一水库工程西域砾岩利用料适宜应用到坝壳的填筑上，符合坝壳砂砾石料的一般规律，满足《水利水电工程天然建筑材料勘察规程》（SL 251—2015）的要求，但是在工程实施过程要多加关注西域砾岩的软化问题和湿化变形问题。

10.1.4　五一水库工程坝体结构安全分析

联合采用大型三轴试验、三维非线性静力应力与变形有限元分析方法和极限平衡分析方法，对大坝应力、变形和稳定进行了分析，主要结论如下：

（1）筑坝材料静、动力特性。从固结排水剪和固结排气剪的静三轴试验结果来看，筑坝利用料邓肯 E - B 模型参数符合一般砂砾石料规律，风干样的强度和模量均较饱和样高。

表 10.1

物理力学性试验成果汇总表

序号	项目	指标	L1 料场利用料（14 组）		L2 料场利用料（12 组）		围堰利用料碾压后（4 组）		2010 年利用料料场（18 组）		C1 料场砂砾石料（18 组）	
			范围值	平均值	范围值	平均值	范围值	平均值	范围值	平均值	范围值	平均值
1	砾石含量/%	5mm 至相当于 3/4 填筑层厚的颗粒在 20%~80%范围内	62.1~80.5	70.70	62.2~76.0	67.10	67.2~72.7	69.00	72.1~76.5	74.60	77.2~72.3	74.75
2	含泥量（黏粒、粉粒）/%	<8	4.4~10.3	6.10	5.2~8.0	6.10	5.5~6.6	6.10	4.1~8.7	5.54	4.1~8.7	5.54
3	内摩擦角/(°)	>30°	38.0°~38.5°	38.0°	38.0°~40.0°	39°	39.0°	39.0°	40.0°~41.0°	40.06°	38.0°~42.0°	40.43°
4	紧密密度/(g/cm³)	>2	2.24~2.26	2.25	2.24~2.27	2.25	2.22~2.31	2.26	2.22~2.31	2.26	2.27	2.27
	指标评定		基本满足		满足		满足		基本满足		基本满足	

表 10.2

渗透试验成果汇总表

序号	项目	指标	L1 料场利用料（14 组）		L2 料场利用料（12 组）		围堰利用料碾压后（4 组）		2010 年利用料料场（18 组）		C1 料场砂砾石料（18 组）	
			范围值	平均值	范围值	平均值	范围值	平均值	范围值	平均值	范围值	平均值
1	渗透系数	碾压后>1×10^{-3} cm/s，并应大于防渗体的 50 倍	7.4×10^{-2}~9.3×10^{-2} cm/s	3.5×10^{-2} cm/s	1.4×10^{-2}~5.9×10^{-2} cm/s	3.4×10^{-2} cm/s	2.3×10^{-2}~3.4×10^{-2} cm/s	2.8×10^{-2} cm/s	8.6×10^{-2}~9.1×10^{-3} cm/s	3.7×10^{-2} cm/s	2.8×10^{-2}~9.7×10^{-2} cm/s	6.08×10^{-2} cm/s
	指标评定		满足		满足		满足		满足		满足	

表 10.3　　　　　　　　　　　邓肯 E－B 模型试验参数（利用料）

试样名称	φ_0 /(°)	$\Delta\varphi$ /(°)	k	n	Rf	Kb	m
饱和样	48.36	5.27	1000	0.214	0.78	380	0.2
风干样	54.95	9.82	1350	0.45	0.82	592.8	0.25

（2）坝体应力变形规律。满蓄期坝体沉降最大值为 37.0cm，最大值位于坝体上游区域，这是由于考虑了上游堆石体的湿化变形效应。大坝顺河向向上游变形的最大值为 7.3cm，向下游变形的最大值为 4.6cm。由于大坝河谷非常狭窄，两岸的约束作用明显，满蓄后大坝最大沉降仅为坝高的 0.36%。

满蓄期坝体主应力最大值出现在坝底中轴线附近，坝体大、小主应力最大值分别为 1.28MPa、0.69MPa。计算结果符合同类型沥青心墙砂砾石坝的应力变形规律。

（3）心墙的位移与变形。

1）满蓄期，由于水压力、浮托力和湿化变形的联合作用，心墙的顺河向位移为 6.0cm（向上游变形），竖向沉降为 32.0cm。心墙大主应力最大值为 1.05MPa，小主应力最大值为 0.75MPa。

2）满蓄期，心墙大部分区域应力水平小于 0.4，仅河床底部以及与两岸山体连接部分的应力水平达到 0.5 左右。说明心墙应力水平不高，心墙不会发生破坏。

通过有限元分析可知，部分坝体采用西域砾岩作为筑坝材料时，其应力变形特征与同类型沥青混凝土心墙砂砾石坝的规律接近，并无异常现象。因此，五一水库大坝部分采用西域砾岩利用料填筑是可行的。

10.1.5　五一水库工程监测结果分析评价

10.1.5.1　监测项目总体布置

五一水库坝址地质条件复杂，岩体强度低，且遇水易于软化，坝基岩石为第四系砾岩，属于极软岩，且地处强地震区和寒冷地区，所以监测重点为变形和渗流监测，兼顾应力监测。根据沥青混凝土心墙坝的结构、施工工艺的特点和有关规范要求，五一水库工程沥青心墙坝的监测项目主要有大坝表面水平位移和垂直位移、坝体内部垂直位移、坝体和坝基渗流、上下游水位以及其他监测等。

根据《土石坝安全监测技术规范》（SL 551—2012）及五一水库工程特点设置的观测项目见表 10.4。

表 10.4　　　　　　　　　　　大坝监测部位及项目表

序号	监测类别	项　目	内　　容
1	变形	表面变形	设置表面标点观测水平垂直位移
		内部变形	观测坝体内部垂直位移
2	渗流渗压	渗透压力	坝基、坝体渗透压力
		渗漏量	设置量水堰观测渗流量
		绕坝渗漏	观测坝肩渗漏
		古河槽渗流	防渗墙渗流

序号	监测类别	项 目	内 容
3	动力	监测地震	—
4	温度	沥青心墙温度	不同高程沥青心墙的温度
5	水文气象	上游水位	设置水尺观测上游水位

10.1.5.2 监测项目布置

(1) 坝体表面变形监测。布置坝体表面变形监测点，在坝顶及下游坝坡设置水平位移及沉降监测点，监测水库运行期的坝体沉降情况。坝体共布置 4 条监测纵断面，坝顶在平行坝轴线的上、下游坝肩各布置 1 条，下游坝坡布置 2 条监测纵断面，高程分别为 1350.00m、1325.00m。监测纵断面上，各测点岸坡段间距为 50m，河床段间距为 30m。在每条视准线两端分别设置工作基点和校核基点。表面变形测点结合 3 个监测横断面布置，分别采用水准法和视准线法监测坝体表面垂直位移和水平位移。共布置坝体观测点 24 个，工作基点 4 个，校核基点 4 个。对于大坝外部变形监测，水平位移采用视准线法观测，垂直位移采用水准法测量，水准观测标点与视准线观测标点共用。

(2) 坝体内部变形监测。坝址区河谷段谷宽相对较窄的位置，两岸地形较陡，坝 0+100.0 断面、坝 0+138.0 断面和坝 0+180.6 断面处，在沥青心墙后的垫层内、下游坝壳内设置杆式沉降仪，共布置 5 套杆式沉降仪，高程 1280.00～1370.00m 每 10m 布置一个测点，共 33 个测点。其中沥青心墙后的垫层内沉降仪距沥青心墙边线距离为 2m，0+138.0 断面下游坝壳内杆式沉降仪距坝轴线的距离分别为 40m、90m。

(3) 沥青混凝土心墙变形监测。沥青混凝土心墙的变形监测主要包括：心墙挠度变形、心墙与过渡层之间变形、心墙内部温度监测。

在坝 0+138.00 断面监测剖面 (最大) 心墙下游侧，从坝底到坝顶 (高程 1280.00～1370.00m)，将固定式测斜仪锚固在心墙表面上，进行沥青混凝土心墙挠度的变形观测，保证仪器在 180℃ 高温下能正常工作。测点间距为 10m，共设 10 个测点。

为了监测心墙的附加垂直应力的分布及变化规律，在坝 0+100.0 断面、坝 0+138.0 断面和坝 0+180.6 断面监测横剖面上，心墙的上、下游侧与过渡层之间，从坝底沿垂直方向在坝高 2/3 范围内 (坝底至 1340.00m 高程) 间隔 10m 布置垂直向位错计 (由测缝计改装)，共布置 32 支位错计。

在坝 0+100.0 断面、坝 0+138.0 断面和坝 0+180.6 断面监测横剖面上，将温度计埋设在心墙内，温度计从坝底沿垂直方向间隔 20m 布置，在 1292.00m、1312.00m、1332.00m、1352.00m 高程处的沥青心墙内分别埋设 3 支温度计，监测不同高程沥青心墙的温度，共埋设 30 支温度计。

(4) 应力应变监测。左右岸地形较陡，在左右岸岸坡较陡处各埋设 4 支土压力计，监测坝体和岸坡的结合情况，共设置 8 支土压力计。

坝址区河谷两岸阶地发育，左岸有一古河槽，采用 C20 槽孔混凝土防渗墙进行处理。为观测混凝土防渗墙的应变，在古河槽 0+087.5 断面和古河槽 0+132.5 断面，以及高程 1343.00m 和 1360.00m 处，埋设 4 组两向应变计和 2 组无应力计。

（5）坝体渗流监测。在坝体上选取桩号 0+138.0、桩号 0+100.0 和桩号 0+180.6 断面为三个重点断面，埋设渗压计，以监测坝体的渗流。具体情况如下：

在最大坝高 0+138.0 断面共埋设了 7 支渗压计。其中：基础固结灌浆前、后 1m 处各设置一支深孔渗压计，埋设高程 1268.00m；在过渡层内埋设了 2 支渗压计，埋设高程 1275.00m，同时布设了测压管，测压管距坝轴线上游 2m；在下游过渡料及坝壳料内，不同坝轴距的基础面上，设有 3 支渗压计，并设有测压管，采用测压管内布设渗压计的方法来遥测其水位。

在坝 0+100.0 断面、坝 0+180.6 断面各埋设了 4 支渗压计。其中：基础固结灌浆前、后 1m 处各设置一支深孔渗压计，埋设高程 1305.00m；在过渡层内埋设了 2 支渗压计，埋设高程 1315.00m，同时布设了测压管，采用测压管内布设渗压计的方法来遥测其水位。

沿纵断面结合渗流观测横断面，在沥青心墙后的过渡层内基础表面每间隔约 30m 设置 1 支渗压计（共计 11 支），以观测纵向渗流情况。

（6）坝肩绕坝渗流及左岸古河槽渗流监测。在两岸左、右坝肩共布置 7 根测压管形成监测断面，以观测坝肩的渗流状况，测点采用钻孔埋设测压管、测压管内布设渗压计的方法来遥测其水位，共设置 7 支渗压计。

在古河槽 0+087.5 断面和古河槽 0+132.5 断面防渗墙后各布置 1 根测压管，采用测压管内布设渗压计的方法来监测防渗墙渗流状况。

（7）渗流总量监测。在大坝下游坡脚设置截渗槽，用量水堰监测大坝总渗漏量及渗流水质。

（8）地震监测。在坝 0+138.0 断面安设 3 台强震仪，分别布置在坝顶、坝体中部及坝基处，进行地震监测。

（9）库水位监测。在库区内合适的地点设置水尺，监测库水位，共设置水尺 3 副。

（10）监测仪器统计。大坝监测仪器统计见表 10.5。

表 10.5　　　　　　　　　　　大坝监测仪器统计表

序号	仪器名称	单位	数量	备　注
1	坝面标点	个	24	含强制对中底盘
2	工作基点	个	4	含强制对中底盘
3	校核基点	个	4	含强制对中底盘
4	水准仪	套	1	—
5	全站仪	套	1	—
6	渗压计	支	37	—
7	土压力计	支	8	—
8	杆式沉降计	套	5	33 个测点
9	两向应变计	组	4	—
10	无应力计	组	2	—
11	量水堰	套	1	含量水堰计

序号	仪器名称	单位	数量	备 注
12	测压管	根	14	共 1000m
13	温度计	支	30	—
14	固定式测斜仪	套	1	10 个测点
15	位错计	支	32	—
16	水尺	副	3	—
17	强震仪	台	3	—
18	观测房	间	4	砖混 6m^2
19	电缆	m	17050	估算值

10.1.5.3 大坝监测数据及分析

（1）截至 2022 年 11 月 30 日，库水位为 1347.92m。坝 0+138.0 断面，心墙后的水位为 1287.97m，大坝削减水头为 83.8%，大坝防渗效果良好。坝 0+180.0 断面，心墙前的渗透水位为 1341.33m，心墙后的渗透水位为 1328.55m，心墙前后渗透水位相差 12.78m，大坝消减水头 62.1%，大坝防渗效果较好。

（2）2022 年 11 月 30 日，在坝顶上、下游建立的 18 个综合位移标点最大垂直位移规律较好。其中最大垂直位移为 111.0mm，大坝坝顶垂直位移比 2022 年 9 月底增加了 5.0~9.0mm，垂直位移正常。

（3）在坝顶路的上游建立的 9 个综合位移标点的水平位移规律性一般，在下游建立的 9 个综合位移标点的水平位移没有规律，本次库水位上升对大坝水平位移也没有明显的影响，水平位移量正常。

（4）2022 年 11 月 30 日，坝 0+100.0 断面距心墙 2m 处坝体累计沉降量为 269.4mm；坝 0+138.0 断面距心墙 2m 处坝体累计沉降量为 242.5mm，距心墙 40m 处坝体累计沉降量为 78.5mm；坝 0+180.0 断面距心墙 2m 处坝体累计沉降量为 224.8mm。目前各断面坝体累计沉降量已稳定，最大沉降量占坝高的 0.24%，坝体沉降量较小。

（5）安装初期沥青心墙温度较高时，心墙与过渡料的相对变形都是沥青心墙变形大于过渡料变形。待沥青心墙温度稳定后，相对变形基本相等。2022 年 11 月 30 日，各断面沥青心墙与过渡料之间的相对变形量为 -5.4~-58.1mm，变形量正常。

（6）2022 年 11 月 30 日，坝 0+100.0 断面沥青心墙底部、中部、上部 3 个高程的温度分别为 13.9℃、15.3℃、15.1℃；坝 0+138.0 断面沥青心墙底部、中部、上部 3 个高程的温度分别为 11.2℃、14.0℃、15.9℃；坝 0+180.0 断面沥青心墙底部、中部、上部 3 个高程的温度分别为 14.4℃、15.7℃、15.2℃。

（7）2022 年 11 月 30 日，古河槽坝 0+087.0 断面、1360.00m 高程安装的应变计组一直处于较大的压应变状态，压应变为 -345~-439με，自生体积变形为膨胀性变形，变形量为 454με，目前应变和自生体积变形正常。

（8）2022 年 11 月 30 日，库水位为 1347.92m，古河槽坝 0+087.0 断面的测压管水位为 1335.46m，测压管水位偏高。

10.1.5.4　大坝运行表现分析

五一水库大坝于 2014 年 12 月底填筑至坝顶高程 1375.20m，坝体上下游护坡于 2015 年 10 月完成，坝体利用西域砾岩开挖料填筑，2019 年 1 月 22 日开始临时蓄水，开始水位 1318.91m，2019 年 2 月 14 日蓄到最高水位 1325.33m。截至 2022 年 11 月 30 日，各项指标较正常，满足工程安全运行的需要，由于监测时间较短，对于五一水库工程中西域砾岩坝的可靠性还需要进一步监测分析。

10.2　奴尔水利枢纽工程

10.2.1　工程概况

奴尔水利枢纽工程位于新疆维吾尔自治区和田地区策勒县境内，坝址区位于奴尔河中下游河段，是奴尔河上唯一的控制性工程，主要任务是灌溉兼顾发电。水库正常蓄水位 2497.00m，死水位 2465.00m，总库容 0.69 亿 m^3，调节库容 0.45 亿 m^3，电站装机容量 6.2MW。

奴尔水利枢纽工程由碾压式沥青混凝土心墙坝、左岸导流兼泄洪冲沙洞、左岸表孔溢洪洞、左岸发电引水洞及发电厂房等主要建筑物组成。工程设计为中型Ⅲ等工程，大坝为 2 级建筑物，泄水建筑物及发电引水建筑物级别为 3 级，发电厂房为 4 级，次要建筑物为 4 级，临时建筑物为 5 级。沥青混凝土心墙坝的上游围堰与坝体结合，坝顶高程 2500.00m，坝顶宽度 10.0m，最大坝高 80m，坝长 746m。坝体上游坝坡为 1 : 2.25，下游坝坡布设两级之字形上坝公路，路面宽度 10.0m，下游坝坡之字路面间为 1 : 1.8，最大断面下游综合坡度为 1 : 2.05。

10.2.2　工程中西域砾岩的利用情况

坝体填筑材料使用区域从上游至下游依次分为：上游混凝土护坡、砂砾料填筑区、过渡料填筑区、沥青混凝土心墙、过渡料填筑区、利用料填筑区、砂砾料填筑区、下游混凝土网格梁预制混凝土六棱块护坡。建筑物开挖的西域砾岩大部分用于坝体填筑，西域砾岩开挖料的用量达 38 万 m^3，主要布置于下游坝壳的干区。奴尔水利枢纽沥青混凝土心墙坝典型剖面如图 10.2 所示。

10.2.3　西域砾岩利用料物理力学特性

奴尔水利枢纽工程共有 4 个坝壳料场（C1、C2、C3、C4 料场），其中坝体主堆石区砂砾料由坝区 C1、C2、C4 砂砾料场开采填筑，并利用部分建筑物开挖石方及碴碴料，过渡料由 C2 料场筛分得到。

本试验研究在奴尔水利枢纽工程坝基覆盖层、C2 料场、P4 平硐三个地点取样，并通过试验获得相关物理力学参数。①坝基覆盖层：通过试验获得坝基覆盖层静、动力计算参数；②C2 料场：获得过渡料与坝壳料静、动力计算参数；③P4 平硐：获得碴挖料的静、动力计算参数，其中该处西域砾岩碴挖料利用为坝壳料填筑在下游坝体下游中部部位。P4 平硐现场情况如图 10.3 所示。

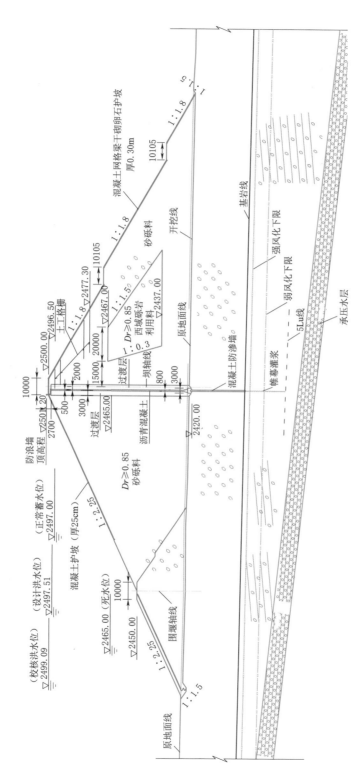

图 10.2 奴尔水利枢纽沥青混凝土心墙坝典型剖面（单位：mm）

图 10.3　P4 平硐现场情况

为了充分掌握奴尔水利枢纽工程料场的颗粒级配情况，通过对 C1、C2、C4 料场和 P4 平硐硐渣等进行试验，获得了各料场的级配曲线（图 10.4），其中对 P4 平硐硐渣进行了 4 组试验，其结果见表 10.8。由图 10.4 可以发现，平硐硐渣料的级配曲线在其他料场之上，颗粒粒径总体偏小。同时结合表 10.8 的试验结果可知，平硐硐渣填筑料场含泥量 1.1%～2.6%，平均值 1.8%；不均匀系数 C_u 在 105.9～590.9 之间，平均值 247.2，曲率系数 C_c 在 1.9～4.4 之间，平均值 3.6，级配不良，最大粒径有超过 1600mm，需要剔除部分大粒径漂石，在工程实施时稍加处理控制，基本可以满足工程的需要。

在进行相对密度试验时，采用表 10.8 平硐硐渣填筑料场的平均线作为硐挖料原始级配，因为超粒径含量较大（粒径大于 60mm 的含量占 68.6%），小于 5mm 的含量为 12.9%，采用混合法进行缩尺，然后采用等量替代法，替代大于 60mm 的超径粒组，得到试验模拟级配，试验结果见表 10.6。试验结果表明硐挖料的干密度范围为 1.909～2.291g/cm³，平均值为 2.1g/cm³，其干密度与其他料场的砂砾石相差不大，物理力学特性接近。硐挖料在饱和状态下的抗剪强度内摩擦角为 37.8°左右，黏聚力为 67kPa 左右。

表 10.6　　　　　　　　　　　相 对 密 度 试 验 成 果

试验级配	最小干密度 /(g/cm³)	最大干密度 /(g/cm³)	相对密度 0.85 对应的干密度 /(g/cm³)
坝壳料（硐挖料）	1.909	2.291	2.225
坝壳料（砂砾石）	1.948	2.213	2.169
过渡料（砂砾石）	1.999	2.249	2.207
覆盖层（砂砾石）	1.950	2.229	2.182

为了对硐挖料各项试验参数进行简明的质量评价，本书将该料场各项试验值和《水利水电工程天然建筑材料勘察规程》（SL 251—2015）中坝壳填筑砂砾料质量指标进行对比，见表 10.7。

表 10.7　　　　　　　　　　L1 坝壳料场试验值与质量指标对比表

序号	项　目	指　标	范围值	平均值	单项评定
1	砾石含量	5mm 至相当于 3/4 填筑层厚的颗粒在 20%～80%范围内	52.5%～69.9%	62.2%	满足
2	含泥量（黏粒、粉粒）	<8%	1.1%～2.6%	1.8%	满足
3	内摩擦角饱和状态	>30°	37.8°左右	37.8°	满足
4	压实密度	>2g/cm³	1.909～2.291g/cm³	2.1g/cm³	满足

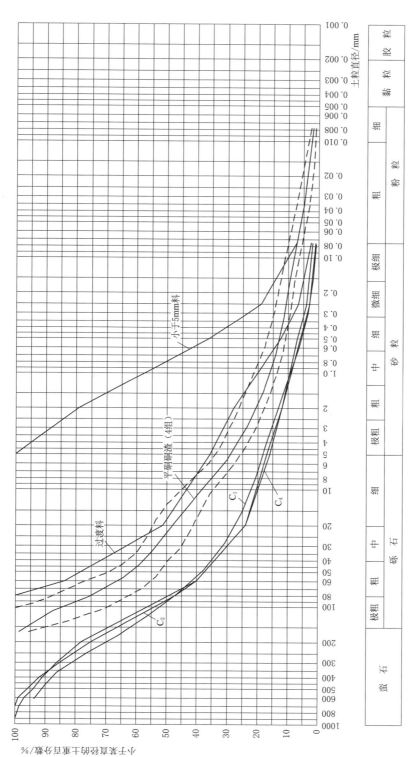

图 10.4 填筑料场级配曲线

表 10.8　平硐桐渣填筑料场颗粒级配试验成果表

试样编号	粒径组成/mm　含量/%																		有效粒径 d_{10} /mm	不均匀系数 C_u	曲率系数 C_c	土代号
	>1600	1600~1500	1500~1000	1000~900	900~600	600~500	500~400	400~300	300~200	200~80	80~60	60~20	20~5	5~2	2~0.5	0.5~0.25	0.25~0.075	<0.075				
PD2	0.0	3.6	16.5	3.6	9.9	3.6	2.6	3.9	4.1	10.3	5.3	10.2	9.4	3.6	4.6	2.6	3.6	2.6	0.66	590.9	3.6	C_bSI
PD4	4.4	4.0	21.4	3.8	10.9	3.0	2.6	4.6	3.7	9.3	4.2	10.2	6.7	2.1	3.7	1.9	2.0	1.5	3.40	213.0	1.9	BSI
PD5	0.0	0.0	0.0	6.6	15.4	8.1	6.6	4.9	3.6	19.4	3.3	11.4	7.9	2.6	6.0	1.9	1.2	1.1	1.73	196.5	4.4	C_bSI
PD5-1	0.0	0.0	8.1	7.1	16.5	4.8	4.3	4.5	9.1	13.3	3.3	11.1	7.1	2.2	3.0	1.5	2.0	2.1	3.87	105.9	2.7	BSI
组数	4	4	4	4	4	4	4	4	4	4	4	4	4	4	4	4	4	4	4	4	4	4
平均值	1.1	1.9	11.5	5.3	13.2	4.9	4.0	4.5	5.1	13.1	4.0	10.7	7.8	2.6	4.3	2.0	2.2	1.8	1.80	247.2	3.6	BSI
最大值	4.4	4.0	21.4	7.1	16.5	8.1	6.6	4.9	9.3	19.4	5.3	11.4	9.4	3.6	6.0	2.6	3.6	2.6	3.87	590.9	4.4	—
最小值	0.0	0.0	0.0	3.6	9.9	3.0	2.6	3.9	3.6	9.3	3.3	10.2	6.7	2.1	3.0	1.5	1.2	1.1	0.66	105.9	1.9	—

由表 10.7 可以看出，根据《水利水电工程天然建筑材料勘察规程》（SL 251—2015）质量指标，硐挖料各项试验参数均能满足坝壳填筑砂砾料的质量技术要求，同时其物理力学特性与其他几个料场的砂砾石料相近，有利于坝壳料之间的协同作用，保证工程的安全与稳定。

10.2.4 奴尔水利枢纽工程坝体结构安全分析

在筑坝材料试验研究的基础上，本书建立了奴尔沥青混凝土心墙坝三维有限单元模型，模拟了大坝分层填筑及分期蓄水全过程，对奴尔沥青混凝土心墙坝进行了静力、动力应力变形分析，以及对大坝的稳定性进行评价分析，得到了如下结果：

（1）坝体绝对加速度响应均为顺河向，最大值为 1.12g，相应的加速度放大倍数为 3.93。从加速度分布上来看，符合土石坝地震反应加速度的分布规律。各方向的动位移均是随着坝体高程的增加而增大，在坝顶达到最大值。坝体顺河向位移最大值为 15.4cm。坝体地震永久变形分析表明，大坝震后变形以沉陷为主，并在坝顶区域达到最大，且坝体轮廓是向内部收缩的，这符合土石坝地震变形的观测规律。坝体最大沉陷永久变形分别为 83.9cm，占坝高的 0.75%。分析认为上述地震不足以产生使坝体难以承受的地震变形。坝坡动力稳定分析表明，在地震过程中，坝坡稳定最小安全系数是不断变化的，且在个别瞬时出现小于 1.0 的情况，但由于其累积时间极短，分析认为在上述地震波作用下，坝坡在地震过程中是稳定的。计算结果表明，坝坡动力稳定的最危险滑动面为浅层滑动且位于坝顶，这与土石坝实际震害及模型试验结果是吻合的。

（2）在工程完建期，坝体最大沉降值为 46.4cm，占坝高的 0.41%，位于坝高约 1/2 处。蓄水后，由于上游水压力的作用，沉降较完建期略有增长，最大值增至 51.5cm，占坝高的 0.47%。工程竣工后，坝体大、小主应力最大值分别为 2.51MPa 和 1.13MPa；蓄水后，坝体大、小主应力最大值分别为 2.44MPa 和 0.88MPa。无论是竣工期还是蓄水期，坝体应力水平大部分处于 0.2~0.8 之间，说明坝体堆石抗剪强度尚存在较大的安全储备，难以发生剪切破坏。同时，在工程竣工时，沥青混凝土心墙水平向位移较小，竖向沉降最大值为 46.3cm；蓄水后，心墙水平位移有所增大，向下游最大位移为 17.8cm，竖向沉降变化较小，最大值为 44.4cm。竣工期心墙大主应力最大值为 2.79MPa，小主应力最大值为 1.03MPa；蓄水后大主应力最大值为 3.11MPa，小主应力最大值为 1.13MPa，均为压应力，出现在心墙底部，其应力水平最大值为 0.60，说明心墙受力状态良好。考虑试验用料的尺寸效应以及施工碾压与设计要求可能有一定差异等因素，开展了坝料及坝基计算参数的敏感性分析。分析表明，当采用低参数试验值时，坝体及心墙变形、应力的分布情况与采用基本参数时较为一致，只是数值上有所变动，且对位移影响较大，对应力影响较小。当采用低参数值时，坝体在竣工期和蓄水期的最大沉陷量分别为 69.3cm 与 76.7cm，分别占坝高的 61.9% 与 68.4%，较基本参数增加了 49% 左右。心墙在竣工期与蓄水期的最大沉陷量分别为 69.2cm 与 66.8cm，较采用基本参数计算结果增加了 50% 左右；向下游最大水平位移分别为 1.7cm 和 25.4cm，较基本参数结果分别增加了 6.2% 和 42.7%；坝轴向最大位移分别为 12.7cm 和 13.9cm，较基本参数结果平均增加了 62%。

（3）综上，坝体的地震永久变形、动力稳定安全系数均在合理的范围内，且防渗墙动应力相对较小，因而该沥青混凝土心墙堆石坝具有较好的抗震安全性。坝体、沥青混凝土心墙的应力、变形值在合理范围内，符合一般土石坝的变化规律，整个坝体处于安全状态，鉴于坝体及坝基的试验参数对其位移影响较大，因此建议应充分保证碾压施工的质量，保证筑坝材料达到设计要求。所以综合分析认定奴尔水利枢纽工程采用西域砾岩利用料筑坝是可行的，满足大坝应力变形的安全要求。

10.2.5　奴尔水利枢纽工程监测结果分析评价

10.2.5.1　监测项目总体布置

大坝安全监测项目根据沥青混凝土心墙坝的结构、施工工艺的特点和有关规范要求，监测项目主要有大坝表面水平位移和竖直位移、坝体内部位移、沥青混凝土心墙变形、坝基土压力、坝体和坝基渗流、上下游水位以及其他监测等。安全监测设施一览见表 10.9。

表 10.9　　　　　　　　　　　　安全监测设施一览表

序号	仪器名称	单位	设计量	完成量	完好率/%	备注
一	大坝	—	—	—	—	—
1	坝面标点	个	32	31	100	
2	工作基点	个	6	0	—	
3	水准仪	套	1	1	100	
4	全站仪	套	1	1	100	
5	渗压计	支	28	28	100	
6	土压力计	支	8	8	75	
7	测斜沉降管	套	8	8	100	
8	测压管	根	21	21	100	新增 7 根
9	温度计	支	39	39	100	
10	固定式测斜仪	套	16	16	100	
11	位错计	支	40	40	100	
12	水尺	副	4	1	100	
13	强震仪	台	4	0	—	
二	溢洪洞	—	—	—	—	—
1	渗压计	支	4	4	100	
2	钢筋计	支	5	5	100	
3	应变计	支	10	10	100	
4	无应力计	支	5	5	100	
5	底流速仪底座	支	2	2	100	
6	脉动压力传感器底座	支	1	1	100	
7	水尺组	付	1	1	100	
8	岩石变位计	组	1	0	—	三点式

续表

序号	仪器名称	单位	设计量	完成量	完好率/%	备注
三	导流兼泄洪冲沙洞	—	—	—	—	—
1	综合测点	个	4	0	—	—
2	渗压计	支	2	2	100	—
3	钢筋计	支	20	20	100	—
4	两向应变计	支	32	32	100	—
5	无应力计	支	16	16	100	—
6	底流速仪底座	支	1	1	100	—
7	脉动压力传感器底座	支	1	1	100	—
8	水尺组	副	3	2	100	—
四	发电引水洞	—	—	—	—	—
1	渗压计	支	7	7	100	—
2	钢筋计	支	20	20	100	—
3	两向应变计	支	24	24	100	—
4	无应力计	支	12	12	100	—
5	钢板计	支	28	28	100	—
五	发电厂房	—	—	—	—	—
1	渗压计	支	4	4	100	—
2	测缝计	支	4	4	100	—
3	水尺	副	1	1	100	—
4	变形监测点	个	12	0	—	—

10.2.5.2 监测项目布置

1. 变形监测

（1）坝体表面变形监测。大坝表面变形水平位移控制网：布置在大坝上下游两岸的山体上，共布置水平位移监测基准点6个；监测大坝表面变形垂向位移的水准原点3个。坝体表面水平位移采用小角法观测，竖直位移采用水准法测量。

坝体表面变形监测：在坝顶及下游坝坡设置水平位移及沉降监测点，监测运行期的坝体表面变形情况。坝体共布置4条监测纵断面，坝顶在平行坝轴线的上、下游各布置1条，下游坝坡布置2条监测纵断面，高程分别为2470.00m和2449.00m。监测纵断面上，各测点岸坡段间距为50m，河床段间距为80m，共布置坝体观测点32个。

（2）坝体内部变形监测。在沥青心墙后过渡层和下游坝壳内设置测斜沉降管，过渡层内沉降管距心墙边线距离为2.0m，监测坝体内部及基础覆盖层变形，包括左岸桩号坝0+110.0断面、河床最大断面坝0+290.0和坝0+540.0断面、桩号坝0+693.0断面；在坝0+290.0断面和坝0+540.0断面下游坝坡各设2套测斜沉降管，分别距坝轴线40.0m和80.0m，监测下游坝体沉降和水平位移。测斜沉降管共布置8套。

2420.00~2490.00m高程之间每10m布置一个测点，坝0+290.0断面和坝0+540.0

断面的深覆盖层中，竖直方向每隔 10m 布置一个测点，共 56 个测点。

（3）沥青混凝土心墙变形及温度监测。沥青混凝土心墙监测项目主要包括：心墙挠度变形、心墙与过渡层之间变形和心墙内部温度。

1）在坝 0+290.0 及坝 0+540.0 心墙下游侧，固定式测斜仪锚固于心墙表面，观测沥青混凝土心墙的挠度。测点间距 10m，布设高程为 2425.00～2495.00m，要求仪器在 180℃ 高温下能正常工作。共设 16 个测点。

2）在心墙的上、下游侧与过渡层之间设置 4 个监测横剖面，分布在坝 0+110.0 断面、坝 0+290.0 断面、坝 0+540.0 断面、坝 0+693.0 断面，高程 2430.00～2480.00m，间隔 10m 布置竖直向位错计。共布置 40 支位错计。

3）在沥青混凝土心墙上设置了 4 个监测断面，分别是坝 0+110.0 断面、坝 0+290.0 断面、坝 0+540.0 断面和坝 0+693.0 断面，将温度计埋设在心墙内，温度计从坝底沿垂直方向间隔 15m 布置，在 2434.00m、2450.00m、2465.00m 和 2480.00m 高程处的沥青心墙内分别埋设 3 支温度计，观测不同高程沥青心墙的温度，共埋设 39 支温度计（测点编号 T1～T39）。

2. 应力应变监测

在左、右岸岸坡较陡及最大横断面（坝 0+290.0）处各埋设 2 支土压力计，土压力计在心墙后部 0.5m，监测坝体和岸坡的受力情况，共计 4 处，设置 8 支土压力计，测点编号为 E1～E8。

3. 渗流监测

（1）坝体渗流监测。在桩号坝 0+110.0、坝 0+290.0、坝 0+540.0、坝 0+693.0 四个重点断面埋设渗压计，监测坝基和坝体的渗流。具体情况如下：

在最大断面坝 0+290.0 及坝 0+540.0 埋设 6 支渗压计（编号 P2～P7）。其中：两个监测断面中每个断面的基础帷幕灌浆后竖直向布设 2 支深孔渗压计（高程为 2410.00m）；在每个断面距坝轴线距离为 120.0m 的基础面位置分别布设 1 支渗压计，两断面共计 2 支；在坝 0+290.0、坝 0+540.0 两断面心墙下游 3m、距坝轴线距离 40.0m 和 80.0m 的位置，分别设有测压管，每个断面共计 3 根。

在坝 0+110.0、坝 0+693.0 断面心墙下游 3m 处各布设 1 根测压管。

沿纵断面结合渗流观测横断面，在沥青心墙后的过渡层内基础表面每间隔约 50～80m 设置 1 支渗压计，监测断面分别是：坝 0+50.0、坝 0+110.0、坝 0+166.0、坝 0+230.5、坝 0+290.0、坝 0+373.5、坝 0+456.5、坝 0+620.0、坝 0+693.0，共计 9 支，观测纵向渗流。

（2）岸坡绕坝渗流。在左右岸坡分别布置 3 根测压管，共计 6 根，以观测岸坡的渗流状况。测点采用钻孔埋设测压管，测压管内设置渗压计观测水位，共设置 6 支渗压计。

（3）新增坝体及绕坝渗流监测设施。由于坝体较长，为更好地了解下游坝体的渗流情况，在下游坝体新增 5 根测压管，测点编号为 UP15～UP19，并在左岸增设 2 根测压管，测点编号为 UP20 和 UP21。

4. 其他监测

（1）地震监测。在坝 0+290.0 断面安设 3 台强震仪，分别布置在坝顶、坝体中部及坝基；在左岸坝顶坝 0+000.0 安设 1 台强震仪。

（2）库水位监测。在库区内设置水尺监测库水位，共设置水尺 4 副。

10.2.5.3　大坝监测数据及分析

奴尔水利枢纽工程大坝监测布置有表面变形、内部变形、沥青混凝土心墙变形及温度、土压力、坝体和坝基渗流、绕坝渗流、地震、上下游水位、大坝渗流量等监测项目，边坡布置有表面变形监测项目。这些监测项目可以如实地反映大坝的运行性态，由以上监测数据可得出如下结论：

（1）截至 2020 年 10 月，埋设于大坝防浪墙上游侧和坝顶下游坝肩部位（坝体纵向第一、二排标点）的测量成果显示：坝顶区域的坝体在水平方向呈两侧向坝体中间桩号中部及下游变形，左岸坝体呈现向右岸变形的趋势，向右岸最大水平位移 13.4mm；右岸坝体呈现向左岸变形的趋势，向左岸最大水平位移 8.9mm。坝顶区域整体呈现向下游变形趋势，最大水平位移 6.5mm。坝体竖直方向变形表现为沉降变形，呈中部大、两侧小分布，最大沉降为 19.30mm，发生在 0+130.0 桩号附近。坝后坡（坝体纵向第三、四排标点）变形测量成果显示：坝后坡在水平方向中的左右岸向变形规律性不强，上下游方向则全部表现为向下游变形，最大向右岸水平位移 3.5mm、向左岸水平位移 10.6mm、向下游水平位移 8.0mm。坝后坡第三、四排标点的竖直向变形基本呈微幅抬升，最大抬升 2.43mm，最大沉降 0.36mm，可知坝后坡部位的坝体沉降变形不大。

（2）由变形监测数据可得，截至 2021 年 7 月 3 日，施工与运行期大坝整体最大沉降变形占总坝高的 0.41%，且基本趋于稳定，表明大坝碾压质量较好。蓄水前沥青混凝土心墙与过渡料位错变形最大值为 37.3mm，蓄水后发展不明显，蓄水前后底板高程处心墙上下游位错差范围在 7～13mm，心墙上下游两侧测值相差较小，其他高程处上下游位错差大部分小于 10mm，表明心墙与过渡料之间的相对位移不大，同时说明心墙上下游两侧的大坝填筑碾压对称性较好，下游填筑的西域砾岩利用料能满足工程的安全需要，与其他区域的坝壳料可以很好的协同作用。

（3）坝轴线及下游坝体 40m、80m、120m 附近 4 个纵断面在最低库水位、库水位上升期和最高库水位时的测压管/渗压计水位关联分析得出：坝体纵断面水位均呈两侧高、中间低的凹形状态，表明大坝整体防渗体系起到了应有的作用。从最低库水位 2450.00m 到最高水位 2488.31m，左右岸坡水位上升了 12.53～19.64m，而河床段水位仅上升了 0.47～3.28m。根据库水位上升至最高 2488.31m 时间段的"渗流滞后时间"分析，左岸 UP9、UP21、UP10、UP20 等测点的滞后时间均为 2d，右岸 UP14、UP13 等测点的滞后时间分别为 2d 和 3d，河床段滞后时间为 9～10d。从水位上升和滞后时间上看，河床段坝体的防渗体系防渗效果好于左右岸坡段帷幕灌浆，坝体渗漏较少，左右岸绕渗较多。

（4）选取 2019 年左岸补强灌浆前后，相同库水位下的测压管、渗压计和量水堰等监测数据综合分析，灌浆后左岸量水堰 LSY-1 和量水堰 LSY-2 整体渗流量减小了 5.51L/s，降低百分率为 8.29%，其中量水堰 LSY-1 上升了 1.02L/s（3.78%），量水堰 LSY-2 下降了 6.53L/s（16.53%）。相同时间下的测压管和渗压计所反映的左岸山体水位略有下降，其中 UP9 下降约 0.039m。表明左岸灌浆工作对渗流情况略有改善。

（5）目前，坝基渗透压力、坝体沉降、过渡料与沥青心墙和沥青心墙温度都处于正常范围内。

10.2.5.4　大坝变形表现分析

坝体累计沉降量呈现中间坝段沉降量大、靠近两岸坝段沉降量小的形态，与坝体填筑厚度正相关，符合土石坝沉降变形的一般规律。截至 2021 年 7 月 3 日，ES1 测点总沉降量为 154mm，占该处填土厚度的 0.3％；ES2 测点总沉降量为 331mm，占该处填土厚度的 0.41％；ES5 测点总沉降量为 312mm，占该处填土层厚度的 0.39％；ES8 测点总沉降量为 172mm，占该处填土厚度的 0.26％。沉降已经出现稳定的趋势，且总体沉降量及占坝高比都较小，说明采用西域砾岩筑坝对坝体变形影响较小，变形量值与普通砂砾石坝接近。西域砾岩利用料区和砂砾石料区未出现明显的变形不协调，说明西域砾岩坝体区与砂砾石坝体区变形特性规律类似，未产生显著的二次破碎。坝体变形趋于稳定说明西域砾岩筑坝未出现明显的长期变形时间增长和量值增大的现象，与常规砂砾石筑坝接近。

奴尔水利枢纽的变形表现总体接近一般砂砾石坝的规律，未出现明显异常。与其物理力学性质接近的西域砾岩工程也可以参考该工程进行设计及施工。

参 考 文 献

［1］ 黄汲清，杨钟健，程浴淇，等. 新疆油田地质调查报告［R］. 南京：南京本所. 甲种第 21 号，1947.

［2］ 李冰晶，武登云，逄立臣，等. 西域砾岩的地层属性与成因：进展与展望［J］. 地球环境学报，2019，10（5）：427 - 440.

［3］ 陈华慧，林秀伦，关康年，等. 新疆天山地区早更新世沉积及其下限［J］. 第四纪研究，1994（1）：38 - 47.

［4］ 彭希龄. 新疆准噶尔盆地新生界脊椎动物化石地点与层位［J］. 古脊椎动物与古人类，1975，13（3）：185 - 189.

［5］ 新疆维吾尔自治区区域地层表编写组. 中国西北地区区域地层表（新疆维吾尔自治区分册）［M］，北京：地质出版社，1981.

［6］ 邓秀芹，岳乐平，滕志宏，等. 塔里木盆地周缘库车组、西域组磁性地层学初步划分［J］. 沉积学报，1998，16（2）：82 - 86.

［7］ 郑洪波. 从新疆叶城剖面砂岩和砾岩组分看西昆仑山的剥蚀历史［J］. 地质力学学报，2002，8（4）：297 - 305.

［8］ 马文忠. 阿尔金山北麓晚新生代沉积记录的构造意义［D］. 兰州：兰州大学，2007.

［9］ 滕志宏，岳乐平，何登发，等. 南疆库车河新生界剖面磁性地层研究［J］. 地层学杂志，1997，21（1）：55 - 62.

［10］ 滕志宏，岳乐平，蒲仁海，等. 用磁性地层学方法讨论西域组的时代［J］. 地质论评，1996，42（6）：481 - 489.

［11］ 季军良，朱敏，王旭，等. 准噶尔盆地南缘新生代地层时代研究［J］. 地层学杂志，2010，34（1）：43 - 50.

［12］ Sun J M, Li Y, Zhang Z Q, et al. Magnetostratigraphic data on Neogene growth folding in the foreland basin of the southern Tianshan Mountains［J］. Geology, 2009, 37（11）：1051 - 1054.

［13］ 陈杰，尹金辉，曲国胜，等. 塔里木盆地西缘西域组的底界、时代、成因与变形过程的初步研究［J］. 地震地质，2000，22（S1）：104 - 116.

［14］ 赵彦德，刘洛夫，李燕，等. 阿尔金山北麓米兰河口新近纪以来碎屑沉积特征及其构造意义［J］. 石油天然气学报（江汉石油学院学报），2006（3）：161 - 166，449.

［15］ 吕红华，周祖翼. 前陆盆地陆源沉积序列的特征与成因机制［J］. 地球科学进展，2010，25（7）：706 - 714.

［16］ TYLER S W, WHEATCRAFT S W. Fractal scaling of particle size distributions：analysis and limitations［J］. Soil Science Society of America Journal, 1992, 56：362 - 369.

［17］ 水利水电科学研究院. 岩石力学参数手册［M］. 北京：水利电力出版社，1991.